TRAITE'

DE LA

SPHERE

DU MONDE·

Par le Sieur BOULENGER,
Lecteur ordinaire du Roy.

NOUVELLE EDITION
corrigée & augmentée.

A PARIS,

Chez JEAN JOMBERT, prés des Au-
gustins, à l'Image Nôtre Dame.

M. DC. LXXXVIII.

AVEC PERMISSION.

LE LIBRAIRE
AU LECTEUR.

JE n'entreprendray point de faire icy l'éloge du Traité de la Sphere du sieur Boulenger, son merite estant assez connu par le grand nombre d'Editions qui en ont esté faites ; je ne m'étendray point aussi sur les avantages de cette Science, qui non seulement éleve l'homme jusques dans le Ciel pour luy faire considerer les Corps celestes, leur nombre, leurs grandeurs, leurs distances, leurs mouvemens & leurs Eclipses ; mais luy sert aussi beaucoup pour acquerir plusieurs autres Sciences, comme la Medecine, l'Agriculture, la Navigation, la Geographie, la Cronologie, & l'Histoire : je diray seulement que ce Traité estant devenu fort rare, je crus qu'en le faisant r'imprimer je rendrois un service considerable au public. Je communiquay mon dessein à un sçavant Mathematicien qui depuis long-temps professe les Mathematiques en cette

LE LIBRAIRE AU LECTEUR.

Ville avec honneur, & qui par les beaux Ouvrages qu'il a mis au jour s'y est acquis une grande reputation : Il l'approuva aussi-tost, & pour m'engager plus fortement à l'executer me promit d'y ajoûter des Nottes de sa façon, que vous trouverez à la fin de divers titres de cet Ouvrage, lesquelles vous en expliqueront les endroits les moins intelligibles, & vous apprendront plusieurs choses tres-utiles & tres-agreables, concernant cette Science : Vous y trouverez aussi les Systemes de Copernic & de Thico-Brahé avec leur explication, pour ne rien oublier de ce qui peut satisfaire vostre curiosité ; toutes les figures en sont beaucoup plus belles & plus exactes que dans les Editions precedentes.

TRAITÉ
DE LA SPHERE
DU MONDE.

LIVRE I.

E Monde eſt une Sphere com-
poſée du Ciel & de la Terre,
& des Natures qui ſont en
l'un & en l'autre.

Bien que les Traitez ordinaires que
l'on fait de la Sphere , ne comprennent principalement que la doctrine
du premier mobile , & des cercles qui
y ſont imaginez , pour rendre raiſon
des apparences Celeſtes , qui ſe font
au deſſous : neanmoins la pluſpart y
ajoûtent auſſi la Sphere du Soleil ,
& de la Lune, la connoiſſance de ces
deux Planettes étant plus neceſſaire que
celle de toutes les autres. Mais pour

A. iij

faire quelque chofe de plus general, nous traiterons icy de la Sphere du Monde : c'eft à dire, de tous les Cieux, & de la Terre, qui eft au centre de l'Univers, aprés avoir donné quelques definitions neceffaires, pour la commodité de ceux qui font deftituez de perfonnes qui les enfeignent. Cela leur fera un grand acheminement pour parvenir à la connoiffance generale du mouvement des corps Celeftes, que l'on nomme Aftronomie.

Definitions.

1. *S* *Phere ou globe eft un corps foli-*
  de, compris fous une feule furfa-
ce, qu'on appelle Spherique, au milieu
duquel il y a un point qu'on nomme
centre, duquel toutes les lignes droites
tirées à la furface font égales.

Sphere, eft ce que l'on nomme vulgairement une boule : car sphere, globe, & boule, font fynonymes, c'eft à dire, fignifient une mefme chofe. Sphere eft Grec, globe eft Latin, & boule eft François.

2. *Diametre de la Sphere, eft une li-*
gne droite, tirée par le centre, & ter-

minée des deux coſtez par la ſurface.

Comme ſi au travers d'une boule, on imaginoit des lignes droites, qui paſſaſſent toutes par le milieu ; ces lignes droites ſeroient nommées diametres de la boule.

3. *Axe ou eſſieu de la Sphere, eſt un diametre, ſur lequel la Sphere ſe tourne.*

Le diametre & l'eſſieu d'une Sphere, different entre eux, en ce que tout eſſieu eſt diametre, mais tout diametre n'eſt pas eſſieu, parce qu'il n'y a point d'eſſieu ou d'axe ſi la Sphere n'eſt mobile. Diametre donc eſt un mot plus general, & Axe plus particulier.

4. *Les Poles d'une Sphere, ſont les deux extrèmitez de l'axe.*

Cecy eſt aiſé à conſiderer. Percez une petite boule de cire par le milieu avec une eſpingle : alors ſi en preſſant les deux bouts de l'eſpingle, vous faites tourner la petite boule, cette eſpingle ſera l'axe ou l'eſſieu de la boule, & les deux bouts de l'eſpingle repreſenteront les deux poles, ſur leſquels la boule tourne.

5. *Hemiſphere, eſt un corps ſolide,*

A iiij

compris entre un cercle qui paſſe par le centre de la ſphere, & la moitié de la ſurface de la Sphere.

Hemiſphere ſignifie demy-boule. Si donc on coupe une boule par un plan qui paſſe par le milieu, on en fera deux pieces, chacune deſquelles ſe nommera demy-boule ou Hemiſphere.

6 Orbe, eſt un corps ſolide, compris entre deux ſurfaces ſpheriques, l'une interne qu'on appelle concave, & l'autre externe, qui eſt dite convexe.

On pourra ſe repreſenter ce que c'eſt qu'un Orbe, ſi on imagine une ceriſe, de laquelle on aura oſté le noyau :

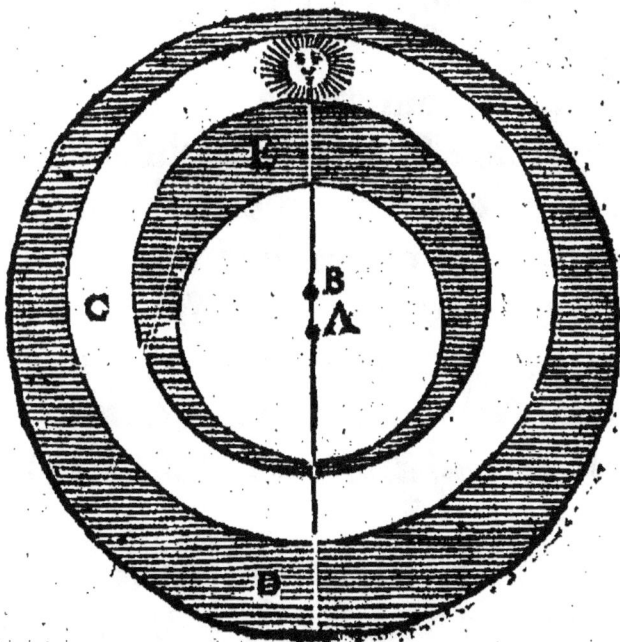

car alors un tel corps fera compris de
deux furfaces, l'une interne ou concave qui entouroit le noyau , & l'autre
externe ou convexe qui eft au dehors.

7. *Les Orbes font concentriques ou ec-*
centriques : les concentriques font ceux
qui ont un mefme centre , les eccentri-
ques l'ont divers.

Que s'il s'en trouve quelqu'un de
folidité inégale & qui n'ait qu'une furface concentrique , il s'appelle concentrique en partie.

8. *Les Cercles de la Sphere, font ceux*
dont la circonference eft décrite en la
convexité de la fphere.

Prenez une boule , & mettant le
pied d'un compas en quelque point de
fa furface , defcrivez y une circonference. Cette circonference eft dite Cercle
de la Sphere : & en effet , plufieurs efti-
ment que les cercles de la fphere font
feulement des circonferences.

9. *Les Cercles d'une Sphere , font*
grands ou petits. Les grands, font ceux
qui ont leur centre avec celuy de la
Sphere , ou qui divifent la Sphere en par-
ties égales.

Pour bien concevoir cette definition, prenez une boule , & defcrivez

un cercle fur fa furface, avec un compas fpherique ouvert du quart de la
boule, & vous y defcrirez un grand
cercle.

10. *Les petits cercles, font ceux qui
n'ont pas leur centre avec celuy de la
Sphere, ou qui ne divifent pas la fphere
en parties egales.*

Il eft aifé par l'explication precedente de connoiftre ce que c'eft qu'un
petit cercle : car tout autre qui fera
defcrit avec un compas Spherique plus
ou moins ouvert que d'un quart de la
Sphere, fera petit.

11. *Cercles paralleles ou equidiftans,
font ceux defquels les circonferences
font paralleles.*

Prenez une boule, & mettant le
pied d'un compas fpherique fur la
furface, defcrivez y un cercle, puis
avec une ouverture du compas un peu
plus grande, ou un peu plus petite,
defcrivez encore du mefme point
quelques autres cercles, alors ces cercles feront dits paralleles, ou equidiftans, à caufe de l'egale diftance de
leurs circonferences.

12 *Cercles concentriques, font ceux
qui ont un mefme centre : les eccentri-*

ques l'ont divers.

C'eſt une proprieté aux cercles concentriques , d'avoir les circonferences
paralleles , & d'égale diſtance , & ne
ſe couper jamais : les eccentriques au
contraire, ont leurs circonferences d'u-
ne diſtance inégale , & ſouvent s'entrecoupent.

13. *Le Pole d'un cercle , eſt un point
en la ſurface de la ſphere , également
éloigné de la circonference du cercle.*

Quand avec un compas ſpherique
on a deſcrit un cercle ſur une boule ,
le point où l'on a mis le pied du
compas, eſt dit le pole du cercle. Parce que ſi ce cercle avoit à tourner , il
ſe tourneroit ſur ce point , & ſur celuy qui luy eſt diametralement oppoſé. Le pole donc differe d'avec le
centre d'un cercle. Car le pole eſt ſur
la ſurface de la ſphere, & le centre eſt
dans la ſolidité.

14. *Angle ſperique , eſt un angle qui
eſt fait ſur la ſurface de la Sphere.*

Si ſur une boule vous y tirez deux
lignes, qui faſſent un angle , cet angle
eſt dit ſpherique , parce qu'il eſt deſcrit
ſur une Sphere : Ainſi les coûtures qui
paroiſſent ſur un balon quand il eſt

enflé , font autant d'angles fpheriques;

Divifion de la Sphere.

LA Sphere , eft ou naturelle , ou artificielle ; la naturelle , eft toute ce
que Dieu a creé , que l'on appelle Monde. L'artificielle , eft celle qui par certains cercles reprefente les mouvemens
de la naturelle.

La Shpere eft confiderée en deux façons , dans l'Aftronomie , fçavoir quand
elle fignifie le premier mobile , ou
quand par certains cercles joints enfemble , elle reprefente fon Mouvement. La premiere eft dite naturelle ,
& l'autre artificielle. La naturelle eft
le premier Mobile ou dernier Ciel , ou
pour mieux dire , toute la machine du
Monde. L'artificielle eft la reprefenta-
tion ou image de la naturelle , com-
pofée de certains cercles , par lefquels
on demonftre la raifon du premier
mouvement. Les Grecs l'appellent
Sphera cricotos ; c'eft à dire Sphere circulaire , pour la diftinction du globe
celefte , qui n'a que deux ou trois cercles. Archimede en fit faire une de ver-
re qui eft une matiere tranfparente , afin

de pouvoir voir au travers tous les mouvemens des autres Cieux inferieurs. Et Sapor Roy de Perse en fit faire une fort grande de même matiere, au milieu de laquelle il estoit assis comme un petit Dieu mortel, d'où il contemploit à son aise tous les Cieux qui se mouvoient par des ressorts que luy mesme il avoit inventez.

Division de la Sphere artificielle.

LA Sphere artificielle, est parfaite ou imparfaite. La parfaite est celle qui par plusieurs cercles represente tous les Cieux, & leurs mouvemens. L'imparfaite est celle qui en represente seulement les principaux.

Il n'y a guere de Spheres qui representent tous les Cieux & leurs mouvemens, comme ont fait celles d'Archimede, & du Roy Sapor. Les ordinaires ne servent que pour monstrer seulement le mouvement du premier Mobile, avec celuy du Soleil & de la Lune. Il y en a d'autres où l'on y voit les trois Cieux superieurs, & telles Spheres sont tres-bonnes, parce qu'elles monstrent le mouvement du Firmament, & les trois Ecliptiques, qui font de plus difficile conception.

Des Parties de la Sphere Artificielle.

LES parties principales font l'effieu, les poles, & les cercles.

Il faut s'accouftumer aprés avoir confideré les parties de la fphere artificielle, à imaginer la mefme chofe en la naturelle, car autrement on apprendroit fans aucune utilité cette Science.

De l'Axe ou Effieu.

L'*Axe ou Effieu de la Sphere artificielle, eft un fil de fer, fur lequel on fait tourner la Sphere, lequel reprefente celuy de la naturelle, ou l'Axe du Monde.*

Comme l'artificielle reprefente en gros la naturelle, auffi chaque partie de l'artificielle reprefente les parties de l'autre, & il eft utile de s'accoutumer à ces reprefentations, pour bien concevoir le mouvement de tout le Monde; car l'Axe du Monde n'eft qu'imaginaire. Et quand les Poëtes ont dit qu'Atlas ſouſtenoit l'Axe du Ciel, de peur qu'il ne tombaſt ſur la terre, ce n'eſtoit que pour donner à entendre, qu'il faloit imaginer un Axe, pour bien comprendre le mouvement des Cieux.

Des Poles.

LEs Poles de la Sphere artificielle, *ſont les deux extrémitez de l'eſſieu, qui repreſentent les Poles du Monde, l'un deſquels eſt dit le Pole Arctique, & l'autre le Pole Antarctique.*

Les Poles, ſont les deux bouts de l'Eſſieu du Monde, ainſi dits, parce que deſſus eux tous les Corps Celeſtes ſe tournent en 24. heures, & ſont ainſi nommez du Verbe Grec πολέω, qui ſignifie tourner. Virgile les appelle *vertices*, ſommets : Mantuan, *cardines*, gonds ou pivots.

Du Pole Arctique.

LE Pole Arctique, *eſt celuy qui eſt du coſté du Septentrion.*

Les Grecs l'ont ainſi nommé, à cauſe des deux Ourſes qui luy ſont voiſi-

nes, qui font deux Conſtellations celeſtes. Car *Arctos* en Grec ſignifie ourſe. Les Mariniers prennent pour le pole Arctique, l'Etoille qui eſt à la
queuë de la petite Ourſe, qui toutesfois eſt éloignée du Pole du Monde
de trois degrez ou environ. C'eſt pourquoy quand ils font leurs obſervations
avec leurs Aſtrolabes, ils peuvent quelquefois errer de trois degrez; ſçavoir,
quand cette Etoile eſt au Meridien,
du lieu où ils font l'obſervation.

Du Pole Antarctique.

LE Pole Antarctique, eſt celuy qui
eſt du coſté du *Midy.*

Les Grecs l'ont ainſi nommé, à cauſe qu'il eſt oppoſé à l'Arctique; car
anti en Grec ſignifie contre, ou oppoſé. Le Pole Antarctique ne peut pas
eſtre ſi facilement remarqué au Ciel,
comme l'Arctique, à cauſe de cette
eſtoile de l'Ourſe, qui en eſt ſi proche.
Ceux toutesfois qui ont paſſé au delà
de la ligne, ont obſervé qu'en temps
ſerain, il y a toûjours deux petits
nuages, qui tournent inceſſamment au
tour de ce Pôle. Le plus petit deſquels
en

en eſt plus proche, & l'autre, quelque
peu plus diſtant, leſquels avec le Pole
Antarctique font un triangle iſocele. Il
n'y a donc, qu'à imaginer ce triangle,
pour remarquer le lieu où eſt le Pole
Antarctique. *a*

Des Cercles de la Sphere.

IL y a dix Cercles en la Sphere artificielle, *ſix grands & quatre petits.*
On s'eſt contenté juſques aujour-
d'huy de ce nombre, pour éviter la
confuſion aux Spheres artificielles, ſi
on y en ajoûtoit davantage : Mais il
y en a encore d'antres, la connoiſſance deſquels eſt utile pour entendre l'A-
ſtronomie, leſquels nous definirons
aprés les dix Cercles qui ſont d'ordinaire.

a Nous ne voyons jamais le Pole Antarctique, pour être abaiſſé au deſſous de
nôtre Horizon autant que l'Arctique eſt élevé au deſſus, lequel par conſequeut nous
voyons toûjours, l'Antarctique ne paroiſ-
ſant qu'à ceux qui ſont au delà de l'Equateur vers le Midy ; & il n'y a que les peuples qui habitent ſous l'Equateur, qui puiſ-
ſent voir les deux Poles du Monde, s'il eſt
vray qu'ils voyent la moitié du Ciel.

Des Parties des Cercles.

TOus les Cercles de la Sphere, tant
grands, que petits, sont divisez en
trois cens soixante parties égales, que
l'on appelle degrez. Chaque degré en 60
parties, que l'on appelle minutes, chaque minute en 60 parties, que l'on appelle secondes, chaque seconde en 60
tierces, & ainsi en suite.

Cette division n'a esté qu'à la vo-
lonté des Astronomes, qui toutesfois
ont pris plûtost ce nombre de 360.
qu'un autre, pour avoir plusieurs parties aliquotes. Et par cette mesme raison, ils ont encore divisé chacune de
ces parties en 60. pour éviter le plus
qu'ils pourroient les fractions. Les Grecs
se sont contentez du nombre sexage-
naire en toute division & sous-division
de Cercles.

Des six grands Cercles.

LEs six grands cercles sont l'Equateur, ou l'Equinoctial, le Zodiaque, les deux Colures, l'Horizon & le
Meridien.

Tous les grands Cercles font égaux
entre-eux, & bien que l'horizon de la
Sphere artificielle foit plus grand que
le Meridien, & celuy-cy plus grand
que l'Equateur, & que les Colures, on
doit neanmoins les concevoir entre-
eux tous égaux, & que cette inégalité ne vient que du cofté de l'Artifan,
qui pour faire tourner commodément
la Sphere, les fait d'une grandeur inégale.

De l'Equateur.

L'*Equateur ou Equinoctial eft un
grand Cercle, également éloigné des
Poles du Monde.*

Ce Cercle eft dit Equateur, à caufe
qu'il eft comme la mefure & la regle
de tous les autres, & que par fon
mouvement qui eft reglé, il égale le
mouvement irregulier des autres. On
l'appelle auffi Equinoctial, parce que
le Soleil eftant deffous, il fe fait equinoxe par tout le Monde ; c'eft à dire,
que les jours font faits égaux aux
nuits : ce qui arrive deux fois l'année,
environ le 21. Mars, & le 23. de Septembre : Ce Cercle fe connoît aifément en

la Sphere. Car si on la fait tourner a-
vec la main, il est tout au milieu de
ce mouvement, qui est cause que quelques-uns l'ont nommé aussi la ceinture du premier Mobile.

Du Zodiaque.

LE Zodiaque, est un grand Cercle,
d'une circonference large, sous laquelle les sept Planettes cheminent continuellement.

Ce Cercle est ainsi nommé de *zoé*,
qui signifie en Grec vie, parce que le
Soleil, & les autres Planettes qui tournent perpetuellement au dessous, donnent vie à toutes les choses naturelles.
D'autres le derivent du mot de *zo-
dion*, qui signifie animal, à cause qu'il
contient au dessous de soy les douze
signes celestes, ou animaux; il est le
seul qui a de la largeur.

Ptolomée luy donne douze degrez
de large : mais les nouveaux luy en
ont donné seize, parce qu'ils ont observé que Mars & Venus, s'esloi-
gnoient d'environ de 8 degrez du milieu.

Les Astronomes font faire au Zo-

diaque un angle d'environ 23. degrez
& demy avec l'Equateur, parce qu'ils
ont observé que le Soleil qui ne le
quite jamais, ne s'éloignoit pas sensiblement davantage de l'Equateur vers
l'un des deux Poles du Monde.

Des parties du Zodiaque.

BIen que le Zodiaque soit divisé en
360 parties, comme tous les autres
Cercles, neanmoins il est divisé premierement en 12 parties égales, que
l'on nomme Signes, chacun desquels est
de 30 degrez selon l'ordre qui suit. Le
Signe du Belier, du Taureau, des
Gemeaux, de l'Escreviffe, du Lyon,
de la Vierge, de la Balance, du Scorpion, du Sagitaire, du Capricorne, du
Verse-eau, & des Poiffons.

J'avertiray icy en passant, que les
douziémes parties du Zodiaque, que
l'on appelle Signes, ne sont pas ainsi
nommées pour contenir quelques Signes ou Constellations celestes, veu
qu'il n'y a aucun Astre au premier Mobile, & que les douze Signes, sont au
huictiéme ciel ou firmament : Toutesfois on ne laisse pas de nommer ces

douziémes parties, le signe du Belier,
le signe du Taureau , &c. Parce que
les estoiles du huitiéme ciel qui font
ces constellations , estoient du temps
des premiers Astronomes au dessous
de ces douziémes parties du Zodiaque
du premier Mobile , ce qui est cause
que le nom leur en est demeuré , bien
que les signes ayent changé de place ,
& que maintenant le signe du Belier
du huitiéme ciel soit au Taureau du
dixiéme. Et c'est pourquoy quand on
dit que le Soleil est au Belier , on
n'entend pas au Belier du firmament ,
mais au Belier du premier mobile.

Des diverses acceptions de Signe.

LA douziéme partie du Zodiaque
est appellée Signe , comme nous
avons dit. Mais d'autant que les Astronomes rapportent toutes les estoilles à quelque signe , il est besoin d'entendre comme ils le conçoivent.

C'est qu'ils imaginent six grands cercles qui passent par les poles du Zodiaque , & par les commencemens de
six signes consecutifs, qui divisent toute la surface du ciel en douze parties,

qui s'estressissent vers les poles du Zodiaque. Et toutes les estoilles ou parties du ciel qui sont comprises entre deux demy cercles , sont dites estre au signe qui est compris entre les mêmes demi cercles , comme il est aisé à voir manifestement sur un globe celeste.

De l'Ecliptique.

L'Ecliptique , est une ligne au milieu du Zodiaque, sous laquelle le Soleil chemine toûjours.

Cette ligne a esté ainsi appellée du mot *eclipo* , qui signifie défaillir , à cause que les Eclipses ou defauts du Soleil & de la Lune se font sous cette ligne. *a*

Des Colures.

LEs Colures , sont deux grands Cercles , qui s'entrecouppent à angles

a L'Eclipse du Soleil se fait quand le Soleil & la Lune sont environ sous le même point de l'Ecliptique ; & celle de la Lune, quand ils sont opposez directement , & que la Terre est entre-deux, ou à peu prés , ce qui rend l'Eclipse plus grande ou plus petite.

droits spheriques, aux poles du monde, l'un desquels se nomme le Colure des Solstices, & l'autre le Colure des Equinoxes.

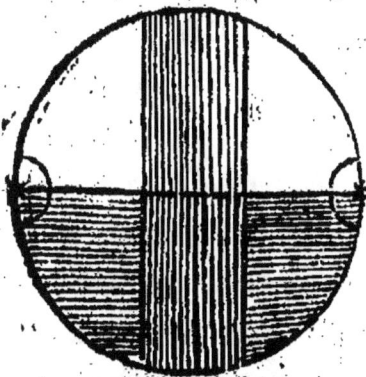

Ces deux cercles sont ainsi nommez de *colvo*, qui signifie en Grec autant que tronquer, retrancher, parce que jamais ils ne se voyent entierement, mesme en la conversion de la Sphere, mais quelque partie en est toûjours cachée sous l'horison, si ce n'est en cette position de la Sphere où l'Equateur est vertical, c'est à dire au dessus de la teste des habitans du lieu. Car alors ils peuvent paroistre par la revolution du premier Mobile.

Du Colure des Solstices.

LE Colure des Solstices, est un grand Cercle qui passe par les poles du Monde, & par le commencement de l'Escrevisse & du Capricorne.

Ce Cercle est ainsi nommé à cause qu'il.

qu'il paſſe par les lieux du Zodiaque,
ou quand le Soleil eſt parvenu ou qu'il
en approche, il ſemble eſtre immobile, & s'arreſter comme en une ſtation
pour l'inſenſible declinaiſon ou éloignement qu'il fait de l'Equateur.

Du Colure des Equinoxes.

LE Colure des Equinoxes, eſt un
grand Cercle, qui paſſe par les Poles du Monde, & par le commencement
du Belier & de la Balance.

Ce Cercle eſt ainſi nommé, à cauſe qu'il paſſe par les lieux du Zodiaque, où quand le Soleil eſt, il ſe fait
Equinoxe par toute la terre : c'eſt à di-

▪ Les deux poins où le Zodiaque ſe trouve coupé par le Colure des Solſtices, ſont
de tous ceux du Zodiaque les plus éloignez
de l'Equateur, & ils ont été nommez *Points
Solſtitiaux* par les Anciens, qui ont crû que
le Soleil s'y arrêtoit quelque temps, parce
qu'ils experimentoient que les ombres du
Midy, qui leur ſervoient de regle pour en
juger, ne croiſſoient ny ne diminuoient à
leurs yeux, & que le Soleil ſe levoit & ſe
couchoit dans des mêmes points de l'Horizon pendant quelques jours.

C

re que les nuits font égales aux jours. *a*

De l'Horizon.

LA diverse acception de ce Cercle, est cause qu'on ne le peut pas aisément définir, sans que premierement il n'ait esté divisé. On peut dire seulement en general, que c'est un Cercle qui borne la veuë au Ciel, ou en la Terre. Car pour ce sujet est-il dit Horizon du mot Grec *orizo*, qui signifie borner.

Division de l'Horizon.

L'Horizon *selon Geminus & autres Astronomes, est divisé en Horizon sensible, & en Horizon rationel.*

Cette division fait entendre la va-

---

a Les deux points où l'Ecliptique se trouve coupée par le Colure des Equinoxes, sont appellez *Points Equinoxiaux*, parceque le Soleil y étant parvenu, il fait les jours égaux aux nuits par toute la terre, excepté là où le Pole est au Zenith, parce qu'alors le Soleil se leve sans se coucher ou bien se couche sans se lever, ne faisant que tourner à l'entour de l'Horizon.

rieté en la definition de ce Cercle qu'
ont donné les Anciens. Car quelques-
uns l'ont appellé la borne du Ciel, ou
Cercle de l'Hemisphere, ce qui s'entend
de l'Horizon rationel ; les autres l'ont
nommé circuit de la terre, ce qui se
doit prendre de l'Horizon sensible.

De l'Horizon sensible.

L'Horizon sensible est cet espace de
terre, que l'on void en rond tout au
tour de soy, quand on est en pleine cam-
pagne, outre laquelle la veuë ne peut
atteindre, à cause de la rondeur ou tumeur de la terre. Geminus donne à ce
Cercle un demy diametre de 400. stades.

Il est certain, que tant plus l'œil sera eslevé, plus grand apparoistra cet
Horizon sensible. Et si selon Geminus,
ce cercle a 400. stades de demy diametre, (ce qui arrive quand l'œil est
en un lieu bien eslevé) on pourra dé-
couvrir environ 25. lieuës de loin. Il
y en a d'autres qui definissent l'Horizon sensible, un Cercle sur la surface
de la Terre, en l'estenduë duquel les
Phœnomenes du Ciel, comme sont le

lever & le coucher des Eſtoiles, la hauteur du Pole, la quantité des jours & des nuits, ne ſe changent pas ſenſiblement. Mais de definir preciſément la grandeur de ce Cercle, il eſt impoſſible, à cauſe de l'inégale longueur ou largeur des Climats, auſquels les Phœnomenes font des mutations grandes. a

De l'Horizon rationel.

L'Horizon rationel, eſt un grand Cercle qui ſepare la partie du Monde veuë, de celle qui ne l'eſt point.

L'Horizon rationel, eſt celuy qui eſt proprement conſideré en l'Aſtronomie, & eſt veritablement un grand Cercle que l'on conçoit paſſer par le centre de la Terre, pour ſeparer la Sphere en deux parties eſgales; ſçavoir, en l'He-

a L'Horizon ſenſible ou Viſuel ne nous découvre jamais la moitié du Ciel, que nous ne pouvons voir dans un ſeul regard, à cauſe de la tumeur de la terre, qui nous en cache toûjours un peu plus que la moitié. Ce qui fait que cet Horizon n'eſt à parler exactement qu'un petit Cercle, & que c'eſt luy proprement qui doit être appellé Horizon, puiſqu'il termine & borne nôtre vûe.

misphere superieur qui paroist à nos yeux & en l'Hemisphere inferieur que nous ne voyons point. Mais l'Horizon sensible n'est pas proprement un Cercle, c'est une petite surface convexe de la Terre, bornée par une circonference.

Division de l'Horizon rationel.

L'Horizon rationel est divisé en Horizon droit, en Horizon oblique, & en Horizon parallele.

La division des Anciens estoit seulement en Horizon droit & en Horizon oblique, mais cette division n'estant pas suffisante, on y a ajouté l'Horizon parallele, que les anciens comprennent sous le nom d'oblique.

On peut definir l'Horizon rationel, ou intelligible, un grand Cercle, qui s'étend jusqu'au premier Mobile, & qui divise le Monde en deux parties égales entre les points du Zenith & du Nadir, qui luy servent de Poles. D'où il suit que cet Horizon change à mesure qu'on change de place, puisque le Zenith change.

L'Horizon droit, est celuy qui coupe
l'Equateur à angles droits.

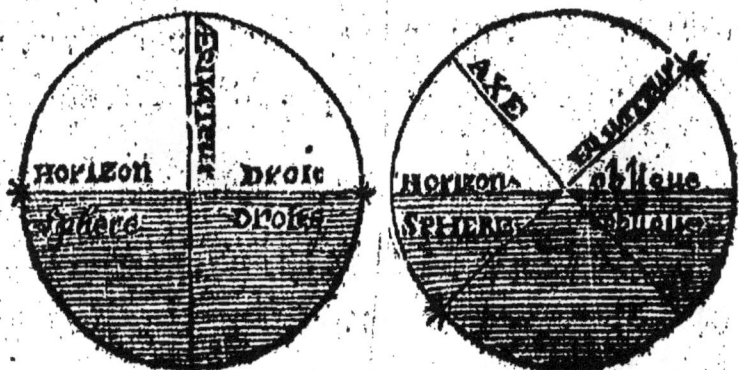

L'Horizon oblique, est celuy qui coupe l'Equateur à angles obliques.

L'Horizon parallele, est celuy qui est
joint avec l'Equateur.

L'Horison droit, ne coupe pas seulement l'Equateur à angles droits, mais
tous les cercles qui luy sont parallels.

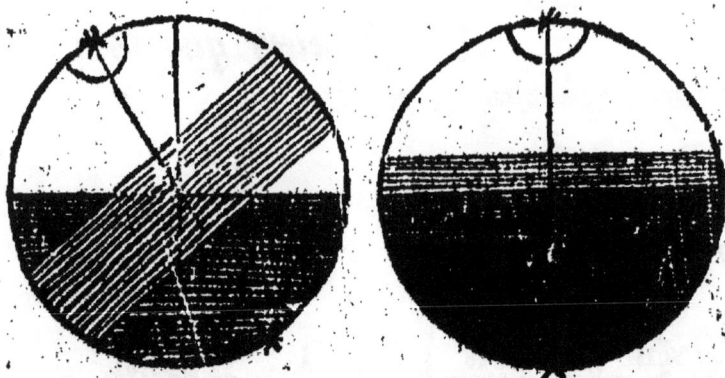

comme l'Horizon oblique, les coupe obliquement, & l'Horison parallele leur est parallele.

De la diverse position de la Sphere.

DE la division de l'Horizon rationel, on considere trois diverses positions de la Sphere ; sçavoir, droite, oblique, & parallele.

La Sphere droite, est celle qui a l'Horizon rationel droit. La Sphere oblique, qui a l'Horizon rationel oblique ; & la Sphere parallele qui a l'Horizon rationel joint avec l'Equateur.

Tournez la Sphere, la tenant par le Meridien, jusques à ce que les Poles du Monde soient en l'Horison, alors vous verrez la position de la Sphere droite, qui est seulement à ceux

C iiij

qui habitent sous l'Equateur. En après
levez un des Poles sur l'Horizon, &
vous verrez la disposition de la Sphere
oblique. Enfin levez le Pole de la
Sphere, en sorte qu'il soit au plus haut,
& vous verrez quelle est la position de
la Sphere parallele. Que si vous la
faites mouvoir en quelqu'une de ces
trois positions, vous connoîtrez comment le monde se tourne à leur égard.
On remarquera en passant, qu'il n'y a
que deux points sur la Terre, où la
Sphere soit parallele ; sçavoir sous les
Poles du Monde. Une circonference
sur la Terre, où la Sphere soit droite ;
sçavoir sous l'Equateur. Et tout le reste
de la surface de la Terre a la Sphere
oblique.

Du Meridien.

IL y a en la Sphere, des Cercles variables & invariables. Les variables
qui se changent, en changeant de lieu,
sont immobiles : c'est à dire, ne sont
point emportez avec le mouvement du
Monde : les invariables sont mobiles.
Ainsi l'Equateur, les Colures, le Zodiaque sont invariables, mais mobiles;

Et l'Horizon & le Meridien font variables, mais immobiles. Car en quelque lieu que l'homme foit , il a fon
Horizon, & fon Meridien, & s'il changé de lieu, principalement vers l'Orient,
où vers l'Occident, il change neceſſairement d'Horizon , & de Meridien
auſſi.

Diviſion du Meridien.

LE Meridien felon les Aſtronomes,
eſt diviſé en Meridien fenſible, &
Meridien rationel.

La raiſon pour laquelle on a diviſé
l'Horizon en fenſible, & en rationel,
eſt la même qui a excité les Aſtronomes à en faire autant au Meridien, y
en ayant un qui tombe fous les fens,
& l'autre qui feulement eſt conceu par
l'entendement & la raiſon. Le rationel à chaque pas eſt variable : le fenſible ne ſe varie point, qu'après avoir
fait quatre cens ſtades, du côté d'Orient
ou d'Occident : car pour aller vers le
Midy & le Septentrion, il ne varie aucunement.

Du Meridien sensible.

LE *Meridien sensible d'un lieu*, est un espace du Ciel, compris entre deux grands demy cercles, qui passent par les Poles du Monde, & par les points verticaux de deux autres lieux éloignez de celuy où l'on est de 400. stades, vers l'Orient & l'Occident.

Telle a esté la pensée des Grecs touchant le Meridien sensible qu'ils ont inventé, afin de n'en pas imaginer une infinité à chaque pas que l'on fait vers l'Orient ou vers l'Occident. Mais pour bien faire, & mieux qu'ils n'ont fait, il faudroit commencer sous l'Equateur pour y établir cette distance de quatre cens stades, de part & d'autre ; & en ce faisant on conteroit 432. Meridiens sensibles en tout le contour de la Terre, lesquels s'étreciroient vers les Poles du Monde ; Aussi bien les Phænomenes, desquels nous avons parlé à l'Horison sensible, varient plus aisément, plus on s'approche de ces quartiers-là.

Du Meridien rationel.

LE *Meridien rationel*, est un grand Cercle, qui passe par les Poles du Monde, & de l'Horizon, sous lequel le Soleil étant, il est midy.

Ce Cercle est nommé Meridien, parce qu'il divise le jour en deux parties égales, y ayant autant depuis le lever du Soleil jusqu'à midy, que du midy jusqu'à son coucher. Il passe par les Poles de l'Horizon, l'un desquels se nomme Zenith ou point vertical, parce qu'il est sur nôtre teste, & l'autre Nadir ou point des pieds qui luy est diametralement opposé.

Des petits Cercles.

LEs petits Cercles, qui sont au nombre de quatre, sont divisez en deux Tropiques, & en deux Polaires.

Ces quatre petits Cercles, sont entr'eux paralleles ou équidistans, & divisent la surface de la Sphere, en cinq parties, desquelles il sera parlé cy-après.

Des Tropiques.

LEs deux Tropiques, sont celuy de
l'Ecreviſſe & du Capricorne.

Quand le Soleil eſt parvenu aux
Tropiques, il retourne vers l'Equateur,
& pour cette cauſe ils ont été nommez
Tropiques du mot Grec *tropos*, qui ſignifie converſion.

Du Tropique de l'Ecreviſſe.

LE Tropique de l'Ecreviſſe, eſt un
petit Cercle parallele à l'Equateur,
qui paſſe par le premier point du ſigne
de l'Ecreviſſe.

Il eſt auſſi nommé Tropique d'Eſté,
parce que le Soleil étant au deſſous de
ce Cercle, ou s'en approchant fait les
plus grands jours de l'Eſté. On le nomme auſſi Cercle du ſolſtice d'Eſté, parce que le Soleil en s'approchant ou en
s'éloignant de ce Cercle, à ce que dit
Proclus, ſemble demeurer en meſme
endroit quelque temps, à cauſe que
les ombres Meridiennes ne croiſſent ny
ne diminuent, & que les jours ſont
en même état, ſans qu'ils apparoiſſent

s'agrandir ou diminuer. Et pour cette cause les Anciens ont cru, que les Solstices n'arrivoient que quand le Soleil passoit par le huitiéme degré de l'Ecreviße, ou du Capricorne, à cause qu'ils observoient les ombres, pour determiner les Saisons, qui ne varient qu'environ ce temps-là.

Du Tropique du Capricorne.

LE *Tropique du Capricorne, est un petit Cercle parallele à l'Equateur, qui passe par le premier point du signe du Capricorne.*

Ce Cercle est aussi nommé Tropique d'Hyver, par la même raison que l'autre a été dit Tropique d'Esté. Car quand le Soleil approche de ce Cercle, c'est alors que les jours de l'Hyver sont les plus petits. On l'appelle aussi le Cercle du Solstice d'Hyver, parce que le Soleil semble demeurer en même endroit, & parcourir toûjours une même route l'espace de 15 ou de 20 jours, quand il s'approche ou qu'il s'éloigne de ce Cercle.

Des Cercles Polaires.

LEs deux Cercles Polaires, font le Cercle Arctique, & le Cercle Anrarctique.

Ces Cercles font ainfi dits, parce qu'ils paffent par les Poles du Zodiaque. Les Grecs les imaginent variables, tantôt grands, tantôt petits, felon l'inclination de la Sphere. *a*

Du Cercle Arctique.

LE Cercle Arctique, eft un petit Cercle parallele à l'Equateur, qui paffe par le Pole Septentrional du Zodiaque.

Les Grecs le definiffent en cette façon ; le Cercle Arctique eft le plus grand de tous les Cercles qui apparoiſ-

a Il eft aifé de connoître que ces Cercles ne feroient pas variables, s'ils paffoient par les Poles du Zodiaque, qui ne varient pas fenfiblement : & qu'ainfi ces mêmes Cercles que les Grecs conçoivent variables, ne font pas les mêmes que ceux qui paffent par les Poles de l'Ecliptique, bien qu'ils ayent le même nom, comme vous connoîtrez mieux par ce qui fuit.

ſent, qui touche en un point l'Horizon, dans lequel tous les Aſtres qui s'y
rencontrent, ne ſe levent & ne ſe couchent jamais.

Du Cercle Antarctique.

LE Cercle Antarctique, eſt un petit
Cercle parallele à l'Equateur, qui
paſſe par le Pole Meridional du Zodiaque.

Selon les Grecs,
c'eſt le plus grand
de tous les Cercles
qui ne paroiſſent
point, & qui tou-
che en un point
l'Horizon, dans le-
quel tous les Aſtres qui s'y rencontrent ne ſe levent & ne ſe couchent
jamais.

De quelqu'autres Cercles qui ne
ſont point décrits ſur la
Sphere artificielle.

IL a pluſieurs autres Cercles grands
petits, qui ſont utiles à la doctrine Spherique, leſquels ne ſont

point décrits sur la Sphere artificielle, tant à cause qu'ils ne sont pas si necessaires que les autres, qu'à cause qu'ils y apporteroient de la confusion, & qui plus est ne pourroient pas souvent y estre representez, comme sont les Cercles Azimuths ou Verticaux, les Cercles de longitude, de latitude, de declinaison, de hauteur, & d'autres encore moins considerables, lesquels nous definirons icy le plus facilement qu'il nous sera possible.

Des Cercles Verticaux ou Azimuths.

LES Cercles Verticaux, ou Azimuths, sont plusieurs grands Cercles, qui s'entrecoupent tous aux Poles de l'Horizon.

Il y en a qui en comptent 180 les faisant passer par tous les degrez de l'Horizon : Mais on en peut mettre autant que l'on voudra. Que si on desire les representer sur la Sphere, il la faudra tourner, en sorte que l'Horizon soit joint avec l'Equateur : Et alors les deux Colures de la Sphere representeront deux Azimuths, entre lesquels on en pourra imaginer une infinité d'autres; Ils sont dits Verticaux, parce qu'ils passent par

le

le fommet de nos teftes, que les Latins appellent *vertex.* *a*

Des Cercles de Longitude
des Eftoilles.

LEs Cercles de Longitude, font plufieurs grands Cercles qui s'entrecoupent tous aux Poles du Zodiaque.

Si on defire les reprefenter facilé-
ment, cela fe pourra faire fur un Globe Celefte, fur lequel on en verra fix
dépeints, qui paffant par les Poles du
Zodiaque, divifent tout le Ciel en 12
parties égales. Ils font dits Cercles de
Longitude, parce qu'ils déterminent
quelle eft la longitude ou diftance que
les Aftres peuvent avoir, à compter depuis le premier qui paffe par le commencement du Belier, & qui feul eft

a Le Meridien étant coupé par l'Horizon, & paffant par le Zenith & par le Nadir de chaque lieu, peut bien paffer pour un
Azimuth. Celuy qui luy eft perpendiculaire,
& qui paffe par les deux points ou l'Horizon fe trouve coupé par l'Equateur, fe nomme *premier Vertical*, parce que depuis ce Vertical on compte les autres, en commençant
depuis l'Orient vers le Midy.

D

repreſenté en la Sphere par le Colure
des Equinoxes.

Des Cercles de Latitude des Eſtoilles.

LEs Cercles de Latitude , ſont pluſieurs petits Cercles paralleles à l'E-
cliptique , tous d'inégale grandeur, qui
ſe diminuent vers les Poles du Zodiaque.

On pourra conſiderer cela ſur le Globe Celeſte, ſur lequel il y en a trois
de chaque côté de l'Ecliptique. Ils ſont
dits Cercles de Latitude , parce qu'ils
montrent quelle eſt la latitude ou éloignement des Aſtres , à compter depuis
l'Ecliptique. ∗

Des Cercles de Declinaiſon.

LEs Cercles de Declination ſont pluſieurs petits Cercles , parallels à l'E-
quateur, tous d'inégale grandeur , qui

∗ La diſtance des Aſtres de l'Ecliptique,
ou leur latitude, ne peut jamais être de plus
de 90 degrez , qui ſont, le quart d'un Cercle, qui les termine vers l'un & l'autre Pole
du Zodiaque. La Latitude ſe compte ſur un
Cercle de Longitude, comme la Longitude
ſe compte ſur un Cercle de Latitude.

se diminuent vers les Poles du Monde.

Pour le concevoir sur la Sphere, il faut considerer un Tropique & un Polaire, qui sont parallelés à l'Equateur. Car ces deux Cercles, sont Cercles de Declinaison : Et le Tropique montre en effet quelle est la plus grande Declinaison du Soleil, ou le plus grand éloignement qu'il fait de l'Equateur. Que si on en imagine plusieurs semblables entre l'Equateur & le Pole, tels Cercles seront dits Cercles de Declinaison.

Des Cercles de hauteur ou Almucantaraths.

LEs Cercles de Hauteur ou Almucantaraths, sont plusieurs petits Cercles parallels à l'Horizon, tous

* Entre ces Cercles de Declinaison sont compris les Cercles parallelés du Soleil, qu'il trace au nombre de 182 & demy, étant mû par le premier Mobile d'un Tropique à l'autre par une ligne spirale, qui provient de son mouvement propre, qui ne finit jamais au même point qu'il a commencé. Tous ces tours n'étant pas beaucoup differens en un Jour, ont esté improprement appellez Cercles parallelés du Soleil, par lesquels il decline d'un Tropique à l'autre dans son mouvement annuel.

d'inégale grandeur, qui se diminuent vers les Poles de l'Horizon.

Il y en a qui en comptent seulement 88, les faisant éloignez chacun d'un degré. Mais on en peut imaginer autant que l'on voudra. Que si on desire les representer sur la Sphere, quelle soit tournée en telle façon, que l'Equateur soit joint avec l'Horizon, alors on verra sur la Sphere deux Cercles parallèles à l'Horizon ; sçavoir un Tropique & un Polaire, qui representeront deux Cercles de hauteur, entre lesquels & par delà, on en peut concevoir une infinité d'autres. Ils sont dits Cercles de hauteur, parce qu'ils déterminent la hauteur des Astres, au dessus de l'Horizon. *a*

a Le plus grand de tous ces Cercles est celuy qui est le plus proche de l'Horison, & le plus petit est celuy qui est le plus proche du Zenith. Mais outre ces Almucantaraths, on en imagine au dessous de l'Horizon un autre, auquel le Soleil étant parvenu avant son lever, il se fait le commencement du Crepuscule du matin, & après son coucher le Crepuscule du soir finit.

De l'usage ou office des Cercles.

Tous les Cercles de la Sphere, tant grands que petits, ont les usages suivans.

De l'usage de l'Equateur.

1. CE Cercle est la mesure & la regle du premier Mobile.

Car sur ce Cercle, on observe que le premier Mobile, fait son mouvement en vingt-quatre heures d'Orient en Occident, & qu'à chaque heure il monte 15. degrez de l'Equateur sur l'Horison.

2. *Il mesure le temps.*

Dautant que le jour naturel, est determiné par son circuit, en y ajoûtant toutefois une certaine petite partie, qui correspond à la partie du Zodiaque, que le Soleil a fait de son propre mouvement vers l'Orient.

3. *Distingue les Equinoxes.*

Cela est evident, car il coupe l'Ecliptique au commencement du Belier, & de la Balance, où se font les Equinoxes, quand le Soleil y est.

4. *Divise le Ciel en deux Hemispheres, en l'Hemisphere Septentrional, & en l'Hemisphere Meridional.*

Estant un grand Cercle, il divise la Sphere en deux parties égales, dont l'une du côté du Septentrion, s'appelle Hemisphere Septentrional ; & l'autre qui est vers le Midy, s'appelle Hemisphere Meridional.

5. *Donne à connoistre les Signes Septentrionaux, & les Meridionaux.*

Les Signes qui sont en l'Hemisphere Septentrional, sont dits Septentrionaux ; & les autres qui sont en l'Hemisphere Meridional, sont dits Meridionaux. Mesme le Soleil pendant qu'il est au dessous de ceux-là, est dit Septentrional, & quand il est sous ceux-cy, Meridional.

6. *Determine la quantité des jours, en toute position de la Sphere.*

Cela s'entend en la Sphere droite, & en l'oblique, jusques à l'elevation de 66. degrez. Car par delà, il ne mesure plus la quantité des jours : cecy se verra plus aisément en l'usage de la Sphere, cy-aprés.

7. *Il est grandement utile à la Geographie pour la situation des lieux.*

Car les lieux font dits avoir autant de Latitude, comme ils font éloignez de l'Equateur. *a*

8. *Il fert grandement à la conftruction des Cadrans.*

Car par fon mouvement reglé les efpaces des heures font rendus égaux, & reglent l'inégalité des autres.

De l'ufage du Zodiaque, & de l'Ecliptique.

1. **S**Ous l'Ecliptique fe font les Eclipfes du Soleil, & de la Lune.

Sçavoir, les Eclipfes du Soleil en la conjonction du Soleil & de la Lune. Et les Eclipfes de la Lune, quand le Soleil & la Lune font oppofez l'un à l'autre.

2. *L'obliquité du Zodiaque, à l'égard du premier Mobile, eft la caufe de la viciffitude des Saifons de l'année.*

Car l'approchement ou l'éloignement du Soleil, de quelque region, qui arrive, à caufe de cette obliquité, en au-

a De plus c'eft fur ce grand Cercle, que l'on marque dans les Mappemondes, & les Cartes generales les degrez de la longitude des lieux de la terre d'Occident en Orient.

gmentant ou en diminuant la chaleur, fait les quatre Saisons de l'année.

Pythagore, selon Plutarque, a esté le premier qui a observé cette obliquité. Et si on en veut croire Pline, ç'a esté Anaximander, bien qu'Oenopides Chius se l'attribuë.

3. *L'Ecliptique est grandement utile à l'Astronomie, pour déterminer le lieu des Estoilles.*

Car la Longitude des Estoilles se prend sur l'Ecliptique, & les Estoilles sont dites avoir autant de Latitude, comme elles sont éloignées de cette ligne. *a*

a Le Zodiaque sert encore à nous apprendre combien le Soleil avance chaque jour vers l'Orient, jusques à ce qu'il ait parcouru de point en point, pendant un an, tous les degrez de la ligne Ecliptique, en retrogradant peu à peu par son mouvement annuel d'Occident en Orient, contre son mouvement diurne, qui l'emporte tous les jours de l'année d'Orient en Occident dans l'espace de 24. heures.

Ce double mouvement se peut concevoir par l'exemple d'un limaçon, qui tournant sur une grande rouë 365. fois en un an, ne laisseroit pas pendant le temps de ces 365. mouvemens de s'avancer contre ce premier mouvement peu à peu, jusques à ce qu'il

eut

eut fait tout le tour de la roüe, où il se
seroit collé, recommençant toûjours son
mouvement contraire d'année en année, &
de 365 tours en 365 tours de roüe.

De l'usage des Colures.

1. **L**Es deux *Colures*, monstrent les
quatre points principaux du *Zo-*
diaque, que l'on appelle *Cardinaux*,
ausquels par le mouvement du *Soleil*,
se font les plus grands changemens de
temps, le *Printemps*, l'*Esté*, l'*Automne*,
& l'*Hyver*.

Le commencement du Printemps arrive quand le Soleil entre dans le Belier, qui est le 21. Mars : l'Esté quand
il entre au Signe de l'Ecrevisse, le 21.
Juin : l'Automne au signe de la Balance, le 24. Septembre : & l'Hyver au
Signe du Capricorne, le 21. Decembre.
Ce qui toutefois se doit entendre à peu
prés, & non precisément, à cause de
la diverse quantité de l'année.

2. *Le Colure des Solstices, montre*
les deux points des Solstices, & le Co-
lure des Equinoxes, les deux point des
Equinoxes.

Les quatre points Cardinaux, sont
les deux points des Solstices, & les

E

deux points des Equinoxes. Les Solstices se font le Soleil entrant dans l'Ecreviſſe, & dans le Capricorne ; l'un desquels se nomme le Solstice d'Eſté, l'autre le Solstice d'Hyver : Et les deux Equinoxes se font le Soleil entrant dans le Belier & dans la Balance, le premier desquels est nommé l'Equinoxe du Printemps, & l'autre l'Equinoxe de l'Automne.

3. *Le Colure des Solstices, divise les douze Signes du Zodiaque en Signes aſcendans & deſcendans.*

Les Signes aſcendans ſont le Capricorne, le Verſe-eau, les Poiſſons, le Belier, le Taureau, & les Gemeaux ainſi nommez à cauſe que le Soleil depuis le premier point du Capricorne, juſques à la fin des Gemeaux monte, & s'approche de nôtre Zenith ou point vertical. Et les Signes deſcendans ſont l'Ecreviſſe, le Lyon, la Vierge, la Balance, le Scorpion, & le Sagittaire, à cauſe que le Soleil en paſſant par ces ſix ſignes, deſcend ; c'est à dire, n'est pas ſi haut à midy, & par conſequent s'éloigne de nôtre Zenith.

4. *Sur le Colure des Solstices, on y compte la plus grande declinaiſon du*

*Soleil ; c'eſt à dire, le plus grand éloi-
gnement qu'il fait de l'Equateur.*

Car la plus grande declinaiſon du
Soleil eſt auſſi grande, qu'eſt l'arc du
Colure des Solſtices compris entre l'E-
quateur & le point du Solſtice.

5. *Le Colure des Solſtices montre
auſſi la diſtance des Poles du Zodiaque
de ceux du Monde.*

Cette diſtance eſt toûjours égale à
la plus grande declinaiſon du Soleil;
ſçavoir, de 23. degrez 29. minutes.

De l'uſage de l'Horizon.

IL diviſe le Ciel en deux Hemi-
ſpheres , l'un viſible , & l'autre
caché.

Cet uſage eſt manifeſte , quand on
eſt ſur une montagne, & que l'on regarde à l'entour de ſoy. Car pour lors
la moitié du Ciel eſt viſible, & l'autre
cachée. Ce qui arrive par la diviſion
qu'en fait l'Horizon.

2. *La quantité du jour & de la nuit
artificielle , ſe prend à l'Horizon.*

La quantité du jour artificiel, eſt le
temps que demeure le Soleil depuis ſon
lever juſques à ſon coucher, qui ſe

prennent à l'Horison , comme la nuit artificielle est le temps que le Soleil demeure sous terre , depuis son coucher jusques à son lever.

3. *Montre le sejour que font les Astres sur l'Horizon.*

Il y a des Astres qui étant proches du Midy , ne demeurent guères après estre levez sur l'Horizon sans se cacher. Ainsi nous voyons que tant plus le Soleil s'approche de ces quartiers-là , tant moins les jours sont grands , & se couche bien plûtôt , que quand il approche du Septentrion.

4. *Montre le lever & le coucher de toutes les Estoilles.*

Le lever & le coucher des Estoilles , est quelquefois le point de l'Horizon où elles se levent, & où elles se couchent, quelquefois aussi le degré du Soleil , qui se leve & se couche avec elles , dequoy nous traiterons en l'usage de la Sphere.

5. *Montre quel degré du Zodiaque se leve avec chaque Estoille.*

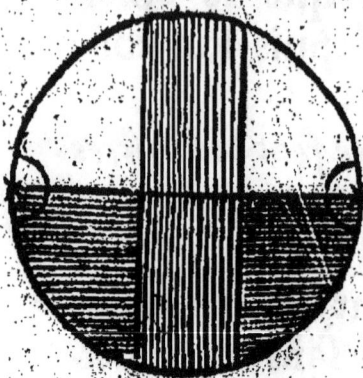

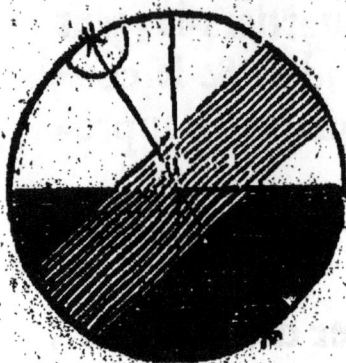

Ceux qui ont la Sphere droite, peuvent voir lever toutes les Eſtoilles, à cauſe qu'il n'y a aucune partie du Ciel qui ne ſe leve à leur égard. Ceux qui ont la Sphere parallele n'ont aucun lever ny aucun coucher d'Eſtoille. Et ceux qui ont la Sphere oblique, ſelon qu'ils l'ont plus ou moins, en voyent une plus grande ou moindre partie. Ainſi l'Eſtoille de Canopus qui à peine peut eſtre veuë à Rhodes, paroiſt à Alexandrie.

6. Montre les Eſtoilles qui paroiſſent toûjours, & celles que l'on ne voit jamais.

Voyez la precedente explication, les

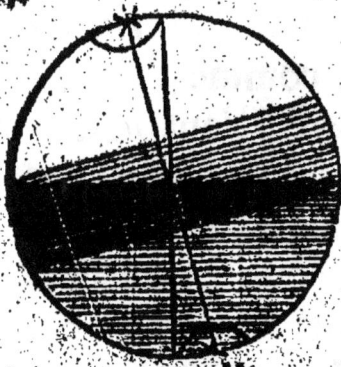

Eſtoilles qui ſont toûjours ſur l'horizon ſans ſe coucher ny ſe lever, les Aſtronomes les appellent, Eſtoilles de perpetuelles apparition, & celles qui ſont toûjours cachées au deſſous de l'horizon, Eſtoilles de perpetuelle occultation. Les Grecs comprennent celles-là dans leurs Cercles Arctique comme nous avons dit, & celles-cy dans leur Cercle Anrarctique, leſquels s'agrandiſſent ou ſe diminuent ſelon l'obliquité de la Sphere.

7. *L'Horizon eſt coupé en huit endroits, par le Meridien, l'Equateur, & les deux Tropiques. Les deux endroits, où le Meridien le coupe, s'appellent le Septentrion, & le Midy : où l'Equateur le coupe, l'Orient & Occident de l'Equinoxe, qui ſont les quatre parties plus principales : les quatre autres ſe font aux ſections des Tropiques, deux à celuy de l'Ecreviſſe, que l'on nomme l'Orient & l'Occident d'Eſté, les deux autres à celuy du Capricorne, qui font l'Orient & l'Occident d'Hyver.*

Les quatre parties principales du

Monde se prennent donc en l'Horizon ; mais les quatre autres, comme l'Orient & Occident d'Esté ; & l'Orient & Occident d'Hyver, ne s'y peuvent pas toûjours prendre, parce que quelquefois les Tropiques ne coupent aucunement l'horizon comme il arrive par delà l'élevation de 66. degrez. Cette division toutefois sur l'Horizon faite par ces quatre Cercles, a esté cause que les anciens Grecs & Latins establissoient seulement huit Vents ; sçavoir, deux à la section du Meridien, deux à la section de l'Equateur, deux à la section du Tropique de l'Ecrevisse, & deux autres à la section du Tropique du Capricorne. Mais les nouveaux y en content 32. également distans les uns des autres. *a*

a L'Horizon sert aussi aux Cosmographes pour sçavoir l'élevation du Pole, laquelle est toûjours égale à la distance de l'Equateur, appellée latitude. Il découvre aussi aux Astronomes l'amplitude Orientale & Occidentale du Soleil & des Estoilles, laquelle n'est autre chose que l'arc de l'Horizon entre le point où le Soleil ou l'Estoille se leve ou se couche, & les sections de l'Equateur & de l'Horizon, appellées points du vray Orient & du vray Occident, ou points de l'Orient & de l'Occident Equinoxial.

E iiij

De l'usage de l'Horizon sensible.

L'Horizon sensible, montre comme necessairement la Terre est ronde.

Car si elle estoit plate, comme quelques-uns ont voulu dire, outre plusieurs absurditez qui s'ensuivroient, on pourroit voir toute la Terre d'un seul lieu. Et si elle estoit de toute autre figure, les demy diametres de l'Horizon sensible seroient inégaux, & on verroit plus loin d'un côté que d'autre.

2. *Denote aussi combien grande est la distance sur la Terre, où les Phœnomenes du Ciel ne se changent point.*

C'est le sujet pourquoy les Anciens ont mis cet Horizon sensible, jugeant qu'il seroit absurde, de changer d'autant d'Horizons que l'on changeroit de pas : & ainsi ils ont donné au demy diametre de ce Cercle 400 stades, en l'étenduë desquelles le lever & le coucher des Astres, la hauteur du Pole & du Soleil, sont peu sensibles.

De l'usage du Meridien.

IL *divise les jours & les nuits en deux parties égales.*

Car il y a tout autant de temps depuis le lever du Soleil jusques à midy, que du midy jusques au coucher : & autant depuis le Soleil couché jusques à minuit, que de minuit jusques au Soleil levé.

2. *Tant plus les Estoilles approchent du Meridien, tant plus elles sont élevées sur l'Horizon.*

Comme on voit les Estoilles petit à petit se lever sur l'Horizon, aussi quand elles sont arrivées sous le Meridien, elles s'abaissent en aprés de la même façon vers le coucher.

3. *Montre combien le Soleil & les Estoilles sont élevées à midy, & à minuit sur la terre.*

Car l'arc du Meridien compris entre l'Horizon & le Soleil, où l'Estoille montre la hauteur Meridienne du Soleil, ou de l'Estoille.

4. *Selon les Astronomes, le commencement du jour naturel est au Meridien.*

Les Babyloniens commencent leur

Jour au lever du Soleil, les Atheniens
& les Italiens au coucher, les Egyptiens
& les Chrestiens à minuit, & les Astronomes à midy.

5. _Distingue la partie Orientale &_
Occidentale du Monde.

Bien qu'il n'y ait point proprement
d'Orient & d'Occident au Monde, à
cause du mouvement circulaire du Soleil, neanmoins à l'égard d'un lieu les
uns peuvent estre dits Orientaux, les
autres Occidentaux. Ainsi la France est
Occidentale à l'égard de l'Italie, mais
elle est Orientale à l'égard de l'Espa-
gne.

_a_ Le Meridien sert aussi pour l'elevation
du Pole sur l'Horizon, laquelle n'est autre
chose que l'arc du Meridien entre le Pole &
l'Horizon. Nous avons déja dit que l'elevation du Pole est égale à la latitude, ou à
l'arc du Meridien entre le Zenith & l'Equateur.

Il sert encore à mesurer la longitude d'un
Pays, laquelle n'est autre chose que l'arc
de l'Equateur, ou d'un de ses paralleles entre le Meridien de ce lieu & le premier Meridien, que les Anciens avec Ptolomée faisoient passer par les Isles Fortunées, & que
les Modernes ont fait passer par l'Isle de Fer,
la plus Occidentale des Canaries.

De l'usage du Meridien sensible.

LE *Meridien sensible marque com-bien grande est l'étenduë de la Ter-re vers le levant & vers le couchant, où les Phænomenes du Ciel demeurent semblables.*

Bien que le Meridien sensible soit au Ciel, il a pourtant quelque rapport à la surface de la terre qui luy est semblable au dessous. Geminus ne le fait variable qu'aprés avoir varié vers l'O-rient ou l'Occident de 400 stades de distance, qui sont quelques vingt-cinq lieuës, tout autant qu'il en a donné à l'Horizon sensible. Aprés lequel chan-gement plusieurs apparences celestes se changent, comme la hauteur du Soleil & des Astres, la latitude de la Region, le lever & le coucher des Estoilles, & la grandeur des jours & des nuits.

De l'usage des Tropiques.

LEs deux Tropiques enferment la *route ordinaire du Soleil, & en sont comme les bornes, au delà des-quelles il ne s'éloigne point.*

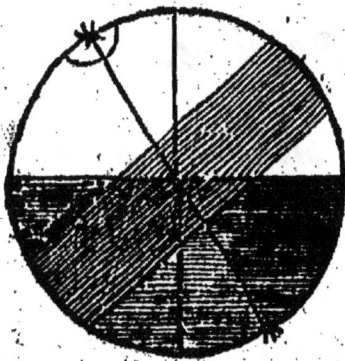

Depuis un Tropique jusques à l'autre, le Soleil fait environ 182. revolutions & demy, & autant avant qu'il soit retourné d'où il est party, & cette espace de temps determine l'année solaire.

2. *Les deux Tropiques montrent où le Soleil fait le plus long jour d'Esté, & le plus petit jour de l'Hyver.*

Le jour est le plus grand en la Sphere oblique quand le Soleil est au Tropique d'Esté, & la nuit plus petite, parce que la plus grande partie de ce Cercle paroist sur l'Horizon, & la plus petite est cachée ; & au contraire, le jour est plus petit, & la nuit plus grande au Tropique d'Hyver, parce que la plus petite partie est sur l'Horizon, & la plus grande au dessous. *a*

a Les deux Tropiques servent aussi à distinguer la Zone torride des deux temperées, dont nous allons parler, & à déterminer la plus grande declinaison du Soleil, laquelle est d'environ 23. degrez & demy, comme nous avons déja dit ailleurs.

De l'ufage des Polaires.

LEs Cercles Polaires montrent quelle eft la diftance entre les Poles du Monde & du Zodiaque.

Les Polaires des Grecs n'avoient pas cet ufage, mais auffi ils en avoient un autre, qui eftoit de montrer la partie du Ciel qui eftoit toûjours vifible, & qui ne fe couchoit jamais, & celle que l'on ne pouvoit voir, & qui ne fe levoit point.

2. Les Cercles Polaires, avec les deux Tropiques, divifent la furface du Ciel en cinq bandes, que les Anciens ont nommé Zones.

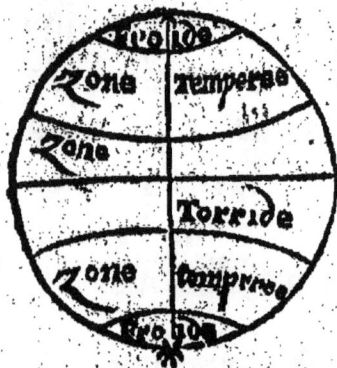

Les Grecs appellent *Zones*, comme s'ils difoient ceintures, parce que ces *Zones* entourent le Ciel en façon de ceintures, ils en nommoient une torride entre les deux Tropiques, deux froides à l'entour des Cercles Polaires, & deux temperées entre les Polaires & les Tropiques, defquelles nous traiterons cy-aprés en un autre endroit. *a*

De l'usage des Cercles verticaux ou Azimuths.

LEs deux principaux Azimuths divisent l'Hemisphere superieur en quatre parties, que l'on appelle quartes.

Pour voir cela facilement, prenez la Sphere, & joignez l'Equateur avec l'Horizon. En aprés, mettez un des Colures sous le Meridien, alors vous verrez que l'Hemisphere est divisé en quatre parties, par les deux Colures qui representent les deux principaux Azimuths, & la partie qui est entre le Septentrion & l'Orient, s'appelle quarte Septentrionale Orientale : celle qui est entre l'Orient & le Midy, quarte

a Les deux Cercles Polaires renferment les Peuples Septentrionaux & Meridionaux, qui ont les grands jours & les grandes nuits de plusieurs mois, même qui n'ont sous les Poles qu'une seule nuit & qu'un seul jour dans une année.

Ces Cercles servent aussi à separer les deux Zones froides ou glacées, des deux temperées, comme vous avez vû. Plus on approche des Poles, plus il y a de crepuscule à cause de l'obliquité de la Sphere.

Orientale Meridionale : celle qui est entre le Midy & Occident, quarte Meridionale Occidentale : & enfin celle qui est entre l'Occident & le Septentrion, se nomme quarte Occidentale Septentrionale.

2. *Ils montrent en quelle partie du Monde sont les Astres, & combien ils en sont éloignez.*

Cela est aisé à concevoir ; car si une Estoille se trouve entre le vertical qui passe par le Septentrion, & celuy qui passe par l'Orient (que quelques-uns appellent premier Azimuth) on dira qu'elle sera en la partie du Monde Septentrionale Orientale : Si elle estoit sous l'une de ces deux, elle seroit dite absolument ou Septentrionale, ou Orientale. Et si elle en estoit éloignée de trois ou de quatre Azimuths, on diroit qu'elle seroit éloignée de trois ou de quatre degrez, selon la partie du Monde où elle se trouveroit. *a*

a Les Azimuths servent aussi à determiner la hauteur du Soleil, ou d'une Estoille sur l'Horizon. Cette hauteur n'étant autre chose que l'arc du Vertical qui passe par le centre de l'Astre, entre ce même centre & l'Horizon.

De l'ufage des Cercles de hauteur, ou Almucantaraths.

1. *C* Es *Cercles montrent la hauteur des Aftres fur l'Horizon.*

Il eft bien vray, que la hauteur des Aftres fe prend fur les verticaux : Mais l'arc du vertical compris entre l'Horizon & l'Almucantarath, eft celuy qui la détermine auffi, comme nous avons déja dit.

2. *Avec les Cercles verticaux ils fervent, pour connoiftre les Eftoilles qui font à la Sphere, & pour affigner leur vray lieu dans le Ciel.*

Car la Sphere artificielle étant difpofée felon les parties du Monde (comme il fera enfeigné cy-aprés au cinquiéme Livre) les verticaux montrent en quelle partie du Ciel font les Aftres, & combien ils font diftans du commencement de cette même partie : Et les Almucantaraths, quelle eft leur élévation, qui enfemble determineront précifément le lieu qu'ils occupent au deffus de l'Horizon.

De l'usage des Cercle des Longitude.

ILs montrent quelle est la Longitude des Estoilles.

Pour bien entendre cecy , il faut avoir un Globe Celeste, où l'on verra que le Cercle de Longitude qui passe par le commencement du Belier , est le premier : & que les Estoilles qui sont sous ce Cercle, n'ont aucune Longitude : Mais autant qu'ils s'en éloignent , selon l'ordre des Signes , ils sont dits en avoir autant qu'il y a de degrez de l'Ecliptique, compris entre le premier Cercle de Longitude, & celuy de l'Estoille.

2. *On connoist par leur moyen en quel Signe sont les Planetes & les Estoilles.*

Parce qu'il y a six Cercles de Longitude qui passent par les commencemens des douze Signes (comme on peut voit au Globe Celeste) qui divisent toute la surface du Ciel en douze parties égales ; chaque Estoille est dite estre au signe, lequel est compris entre deux demy Cercles de Longitude.

F

De l'usage des Cercles de Latitude.

1. **I**L montrent quelle est la Latitude *des Estoilles.*

Bien que la Latitude des Estoilles (qui est la distance qu'elles ont de l'Ecliptique) se prenne sur les Cercles de Longitude, neanmoins elle est bornée par les Cercles de Latitude, qui font paralleles à l'Ecliptique.

2. *Avec les Cercles de Longitude ils servent à la fabrique des Globes Celestes, & à connoistre le vray lieu des Estoilles.*

Car le vray lieu de l'Estoille se trouve sur le Globe à la section des deux Cercles de Longitude & de Latitude. *a*

a Les Longitudes des Astres se prennent sur l'Ecliptique ou sur un Cercle parallele à l'Ecliptique. Les Latitudes se comptent depuis l'Ecliptique sur un cercle de Longitude, & les Declinaisons depuis l'Equateur sur un Meridien, vers l'un des deux Poles, ce qui fait dire que la Declinaison est Septentrionale, ou Meridionale.

De l'usage des Cercles de Declinaison.

CEs Cercles montrent quelle est la declinaison des Planettes & des Estoilles.

Bien que la declinaison des Estoilles (qui n'est autre chose que la distance qu'elles ont de l'Equateur,) se prenne sur les Meridiens, neanmoins elle est terminée par les Cercles de Declinaison, qui sont paralleles à l'Equateur. *a*

a Ces Cercles de Declinaison sont à l'égard de l'Equateur, ce que les Cercles de Latitude des Estoilles sont à l'Ecliptique : comme les Cercles Meridiens sont à l'égard de l'Equateur, ce que les Cercles de Longitude des Estoilles sont à l'égard de l'Ecliptique.

TRAITÉ
DE LA SPHERE
DU MONDE.

LIVRE II.

Jufques icy nous avons expliqué toutes
les parties de la Sphere artificielle,
pour avoir une plus facile intelligence
de la Sphere naturelle, de laquelle
nous traiterons icy.

De la Sphere naturelle.

L'A Sphere naturelle eſt diviſée
en deux parties : en la Region Etherée, & en la Region
Elementaire.

La Region Etherée eſt la partie du
Monde, qui comprend les Orbes Celeſtes, que l'on appelle Cieux : & là

Region elementaire, est celle qui contient les Elemens.

Syfteme de l'Univers comprenant l'une & l'autre Region.

LA Region Etherée est composé de dix Cieux ; à fçavoir, du dixiéme ou premier Mobile, du neuviéme ou Cryftalin, du huitiéme ou Firmament, des Cieux de Saturne, de Jupiter, de Mars, du Soleil, de Venus, de Mercure, & de la Lune.

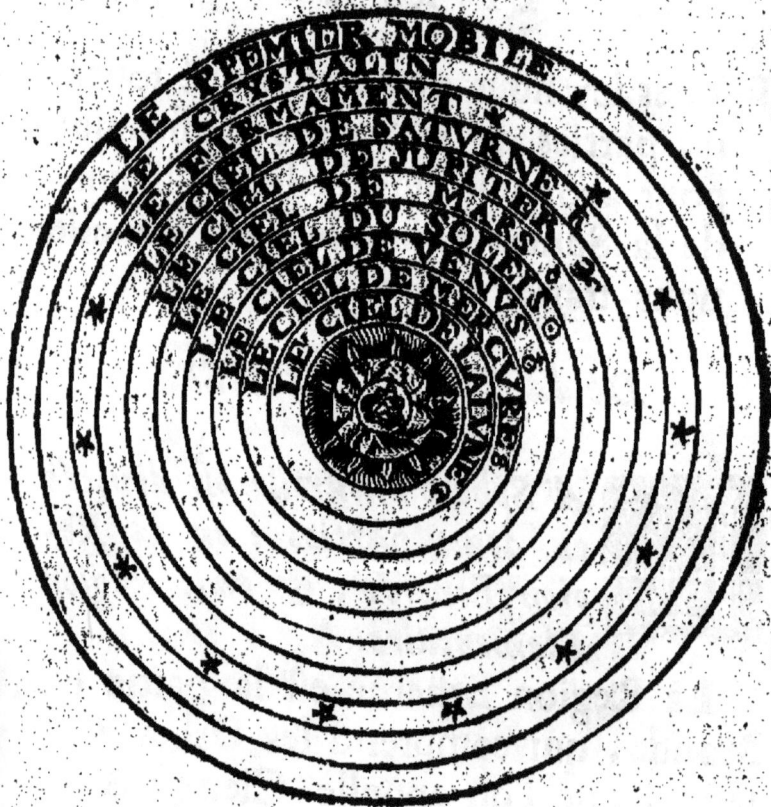

J'avertiray icy en peu de mots ceux
qui aiment ces Sciences, qu'il n'est pas
necessaire de croire que les suppositions
Astronomiques soient vrayes, il suffit
qu'elles soient vray-semblables. Car en
effet, s'il y avoit de la verité, elles seroient une, & non diverses, comme il
paroist par les diverses pensées de divers Auteurs. Cependant, l'invention
des Astronomes est à loüer, d'avoir inventé ces Orbes concentriques, eccentriques, & ces epicycles aux mouvemens des Cieux, pour rendre raison
des apparences Celestes. Mais dautant
que les uns ont procedé d'une façon,
les autres d'une autre, j'ay suivy icy la
plus commune opinion, qui est celle
d'Alfonse, pour n'avoir encore rien
d'assez resolu, selon les hypotheses
nouvelles. Outre, que ceux qui ap-
prennent, conçoivent plus aisément la
simplicité de ces Cercles, que la mul-
tiplicité des concentriques, ou Systemes nouvellement inventez, ny enfin
cette fluidité des Cieux par le milieu
desquels il y en a qui veulent que les
Astres soient portez par une nature interne qui les conduit.

Que les divers mouvemens que l'on
a observé aux Corps Celestes, ont
esté cause que l'on a supposé plu-
sieurs Cieux.

LEs Observations ont fondé cette
hypothese comme les autres. Car
on a veu que les Corps Celestes n'é-
toient pas toûjours en pareilles distances entr'eux, & que le Soleil, la Lune, & les autres Planetes, s'appro-
choient & s'éloignoient quelquefois de
quelques Estoilles fixes, & de nous
pareillement. Ce qui a esté cause que
les Astronomes ont dit qu'il y avoit
plusieurs Cieux, pour avoir observé plusieurs sortes de mouvemens.

Des deux Mouvemens contraires
qui sont aux Cieux.

IL y a deux sortes de mouvemens
aux Cieux, l'un qui se fait d'Orient
en Occident par le Midy, qui appartient au Ciel plus éloigné, & s'appelle mouvement premier, ou mouvement
rapide, parce qu'il entraîne avec soy

tous les Cieux inferieurs. L'autre qui
eſt au contraire du premier d'Occident
en Orient, eſt dit mouvement ſecond,
& eſt propre à tous les Cieux inferieurs. Mais comme il n'y a guere
d'hommes au monde qui n'ait obſervé
le premier, auſſi s'en trouve-t'il fort
peu qui ayent obſervé le ſecond : Ce
que toutesfois il eſt aiſé de remarquer
au mouvement de la Lune, en une
même nuit : Car ſi on conſidere com-

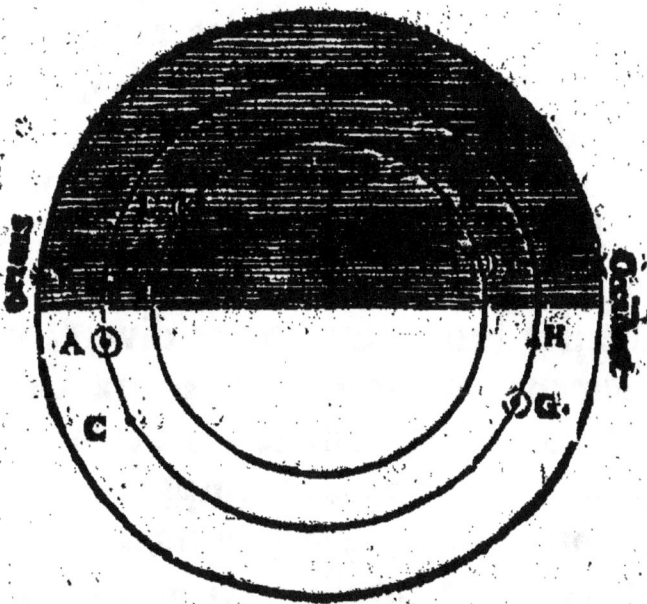

bien elle eſt diſtante de quelque Eſtoille qui ſe leve aprés elle, on trouvera
avant qu'elle ſe couche, qu'elle ſera
moins

moins éloignée qu'elle n'estoit à son lever, à cause du chemin qu'elle aura fait de son cours naturel pendant ce temps-là. On pourra faire la même observation en toutes les autres Planetes, quoy qu'avec plus de temps & de difficulté.

Du nombre des Cieux.

IL y a icy, comme en toute autre doctrine, de la varieté ; les uns constituant huit Cieux dans la Sphere naturelle, les autre neuf, les autres dix, & les autres onze. La varieté vient en partie des observations, en partie aussi des diverses suppositions & hypotheses. Jusques au temps d'Aristote, on s'estoit contenté du nombre de huit, à cause des huit mouvemens divers, que seulement on avoit observé aux Corps Celestes. Mais comme les Sciences se perfectionnent avec le temps, quand on a reconnu après une longue suite d'années, que les Estoilles avoient un mouvement different de celuy du Monde, on a été forcé pour ne donner deux mouvemens contraires à un corps simple, comme sont les Cieux, de suppo-

G

fer un neuviéme Ciel imaginaire au
deſſus, qui comme premier Mobile,
emportoit par ſa rapidité tous les autres avec ſoy. Et pour le même ſujet,
on y a ajouté encore du depuis un dixiéme, aprés que l'on a reconnu qu'il
y avoit trois mouvemens differens au
Firmament : Voila ce qu'ont fait les
obſervations. D'autre part, les diverſes
hypotheſes que les Aſtronomes ont inventé, pour rendre raiſon des apparences ſelon leur phantaiſie, ont confon-
du auſſi ce nombre, les uns aſſurant
qu'il n'y a que huit Cieux, mais que
la Terre eſt mobile : les autres neuf,
avec la terre ferme : les autres ôtant
entierement la ſolidité des Cieux que
les precedens avoient etably, ſe ſont
contentez des revolutions ſeules, & ont
fait aller les Aſtres parmy la Region
Etherée, comme les oyſeaux volent en
l'air, & les poiſſons coulent en l'eau :
& tout cela avec tant de varieté, que
ce ſeroit choſe ſuperfluë, que de vouloir rapporter icy toutes les diverſes
opinions. Pour trancher court, nous
dirons, ſelon l'opinion la plus receuë,
qu'il y a dix Cieux, qui s'environnent
les uns les autres au deſſus de la Re-

gion Elementaire : le premier desquels
& le plus bas, est celuy de la Lune,
puis celuy de Mercure, de Venus, du
Soleil, de Mars, de Jupiter, de Saturne, le Firmament où sont les Estoilles
fixes : le neuviéme Ciel qui est sans
Estoilles, & le dixiéme & dernier de
tous, qui est le premier Mobile.

De l'ordre des Cieux.

D'Autant qu'au temps passé il y a
eu des opinions diverses, touchant l'ordre & la disposition des Cieux,
les uns ayant mis le Soleil & la Lune
au dessus des autres Planetes, comme
y ayant quelque autorité : D'autres
comme Platon, asseurant que les luminaires estoient les plus proches de la
Terre, pour y découler avec plus d'effet leurs influences. Quelques-uns,
comme Democrite, voulans que Mercure fût le plus haut élevé, à bon
droit on pourroit demander comment
on a étably l'ordre des Cieux. Mais
en voicy les raisons : premierement, les
Eclipses y ont grandement servy. Car
c'est une chose manifeste, que l'Estoille qui nous empêche que nous n'en

voyons une autre, est la plus proche
de la Terre. C'est pourquoy on a te-
nu pour asseuré, que le Ciel de la Lune
estoit le plus bas, puis que la Lune ca-
choit toutes les autres Planetes, &
qu'aucune n'en empêchoit la veuë.
Pour la même cause, on a mis le Soleil au dessus de la Lune, & de Mercure aussi, que l'on a veu dans le corps
du Soleil. La seconde raison, est tirée
du mouvement des Planetes. Car si
on presuppose que les Planetes vont à
peu prés aussi vîtes l'une que l'autre,
il est necessaire que celles que nous
voyons estre plus long-temps à faire
leurs cours au tour du monde, soient
les plus éloignées de la Terre : Et ainsi

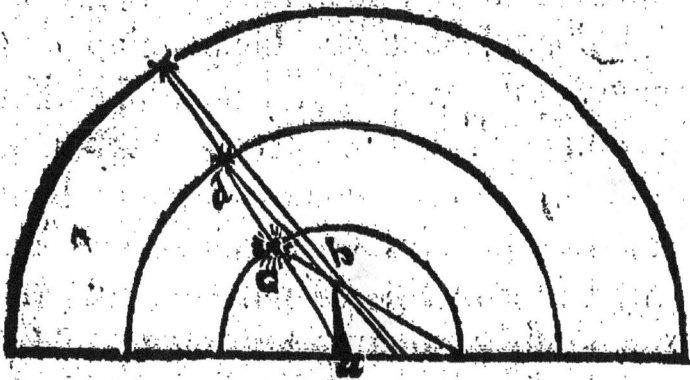

Saturne le sera plus que Jupiter, & Jupiter plus que Mars, & ces trois plus
éloignez que les quatre autres. Troi-

fiémement, on en peut encore tirer quelque conſequence par les ombres, que le ſtyle perpendiculaire fait ſur une ſurface plane en effet, ou par imagination, c'eſt à dire, par le moyen du rayon viſuel. Car ſi le Soleil & la Lune ſont par exemple en même degré de hauteur ſur l'Horizon, l'ombre de la Lune s'étendra plus loin que celle du Soleil. Mais la plus certaine preuve, & qui détermine plus aſſeurément les diſtances que tous les Aſtres peuvent avoir à l'égard de la Terre, eſt la parallaxe. Car ſelon qu'ils ſeront prés ou loin de la Terre, la parallaxe ſera

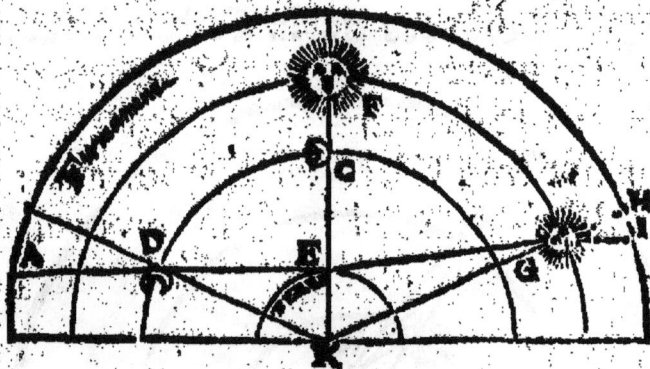

plus grande ou plus petite, & s'il ne s'en trouve point, c'eſt une marque certaine, que le corps eſt tres-éloigné. C'eſt pourquoy la Lune a eſté miſe la plus baſſe, pour avoir une plus grande

parallaxe : le Soleil plus haut, pour
n'en avoir pas tant ; & Mars encore
plus loin, pour l'avoir comme insensible.

Des Periodes des Cieux.

TOus les Cieux font un circuit au
tour de la Terre, comme au tour
de leur centre. Mais plus ils en font
éloignez, plus ils font long-temps à
achever leur periode. La Lune comme
estant au Ciel le plus bas, & plus proche de la Terre, fait sa revolution en
27. jours & 8. heures : Mercure, Venus, & le Soleil, en 365. jours & 6.
heures : Mars en deux ans, ou environ : Jupiter, en douze : Saturne, en
trente : le Firmament, en 7000. ans :
le neuviéme Ciel, en 49000. ans : &
le dixiéme Ciel, d'un mouvement
contraire à ceux-là, en 24. heures, ou
en un jour naturel.

Des distances des Cieux.

COmme les Geometres se servent
de la Toise & de la Perche, pour
mesurer toutes sortes de grandeurs sur

la terre : Ainsi les Astronomes ont pris
le demy diametre de la Terre, pour
mesurer les distances des Cieux ; & disent que le Ciel de la Lune est éloigné
du centre de la Terre de 33 demy diametres, celuy de Mercure de 64 cel-
luy de Venus de 167 celuy du Soleil
de 1111 celuy de Mars de 1216 celuy
de Jupiter de 7852 celuy de Saturne
de 14373. le Firmament de 22612. Et si
les plus petites Estoilles sont de même
grosseur que les plus grandes, & qu'elles paroissent seulement plus petites,
parce qu'elles sont plus éloignées depuis le centre de la Terre jusques à
elles de 45285 demy diametres ; qui est
une si grande distance, que si nôtre
premier Pere vivoit encore, & que depuis sa creation il eust fait tous les
jours dix-huit lieuës vers les Cieux,
ils ne seroit pas encore arrivé presen-
tement jusques à la concavité du huitiéme Ciel. Et je diray davantage, pour
representer combien les Estoilles sont
éloignées de nous : Que si une balle
de canon estoit au lieu où elles sont,
& qu'elle vint à tomber, quand elle
descendroit à chaque heure deux cens
lieuës embas, elle mettroit plus de

G iiij

quinze ans à tomber sur terre. De la distance des Cieux qui est icy mise, on pourra voir quelle est l'épaisseur de chaque Orbe, ou Ciel, en ôtant la moindre distance de la plus grande qui la suit : Comme si on ôte 33. de 64. restent 31. & d'autant de demy diametres est l'épaisseur du Ciel de la Lune, & ainsi des autres.

De la *vistesse* & de la rapidité des Cieux.

EN supposant que la Terre est immobile, il est necessaire que les Cieux se meuvent : mais leurs mouvemens seront bien plus rapides aux uns qu'aux autres. Car tous les Cieux ayant à tourner autour de la Terre en 24. heures, il s'ensuit que les plus éloignez iront beaucoup plus viste que ceux qui seront plus proches, comme ayant à faire plus de chemin : & par ce moyen la Lune comme la plus basse va plus lentement que ne fait le Soleil, le Soleil, beaucoup plus viste : Saturne, encore davantage : Et le Firmament, où sont les Estoilles fixes, court d'une telle rapidité, principalement au milieu du Ciel, que Cardan aprés avoir observé que le poux d'un homme temperé se meut en une heure environ 4000. fois, asseure qu'en l'espace d'un de ces mouvemens d'artere, une Estoille qui seroit sous l'Equateur, feroit 2264. lieuës Françoises, qui est une vistesse si grande, que la bale d'un canon ne la sçauroit égaler. Et à cette cause, plusieurs Astronomes jugeant ce mouvement estre absurde & incompatible avec la nature, ont mieux aimé, pour sauver les apparences celestes, supposer que la Terre est mobile.

Du dixiéme Ciel.

LE dixiéme Ciel est celuy qui est le plus éloigné de la Terre, qui fait son tour en 24. heures d'Orient en Occident par le Midy, & qui de sa rapidité entraîne avec soy tous les Cieux inferieurs.

Il n'est pas besoin d'employer aucuns discours touchant les parties de ce Ciel, ayant esté suffisamment décrites au Livre precedent. Car tous les Cercles de la Sphere qui cy-devant ont esté definis, sont tous au dixiéme Ciel.

On observera seulement que ce Ciel est celuy qui donne le branfle à tout l'Univers, que l'on nomme le mouvement du Monde, contre lequel tous les autres Cieux cheminent obliquement, fans toutefois le pouvoir empêcher qu'il ne leur faffe faire un tour avec luy malgré eux, comme l'experience journaliere le témoigne. a

Du neuviéme Ciel.

LE neuviéme Ciel est un Ciel imaginaire, qui n'a aucune Eftoille non plus que le dixiéme, auquel il eft contigu, qui fait fa revolution en 49000. ans.

Si on fuppofe, pour maxime, qu'un corps fimple ne peut avoir qu'un mouvement naturel, & quand il en a plufieurs, qu'il eft neceffaire que les au-

a Ce Mouvement s'appelle *premier*, pour le diftinguer de tous les autres, qui s'appellent *feconds*, & qui luy font retrogrades. Il s'appelle *diurne*, parce qu'il fait le jour naturel de 24. heures. Il fe nomme encore *Mouvement de rapt*, parce qu'il ravit & entraîne, quoy que fans violence, tous les Cieux inferieurs, & tous les Aftres.

tres se fassent par accident : Ce n'est
pas sans sujet, que les Astronomes ont
ajoûté au dessus du Firmament deux
autres Cieux, pour rendre raison des
trois mouvemens qui s'observent aux
Estoilles fixes.

Des mouvemens du neuviéme Ciel.

IL y a deux sortes de mouvemens au
neuviéme Ciel ; l'un tres-viste, d'O-
rient en Occident ; & l'autre tres-lent,
qui va tout au contraire.

Le premier Mobile n'a eu qu'un mouvement ; le neuvieme Ciel qui luy est
contigu en a deux, l'un provenant du
Ciel superieur, qui agit sur l'inferieur,
qui luy fait faire un tour en 24. heures sur les Poles du Monde. Et l'autre
qui luy est particulier d'Occident en
Orient sur les Poles du Zodiaque du
dixiéme Ciel , lequel n'acheve son circuit qu'en l'espace de 49000. ans. Ce
Periode s'appelle la grande année, à la
fin de laquelle les Philosophes du temps
passé se sont imaginez, que toutes choses reviendroient à prendre le même
estre qu'ils ont eu, & que derechef
ce grand Achille seroit renvoyé pour

Du Zodiaque du neuvième Ciel.

LE Zodiaque du neuvième Ciel, est un grand Cercle directement au dessous de celuy du dixiéme, qui fait en un an, d'Occident en Orient, environ 44. minutes regulierement.

Ce Zodiaque n'a point d'Etoilles,

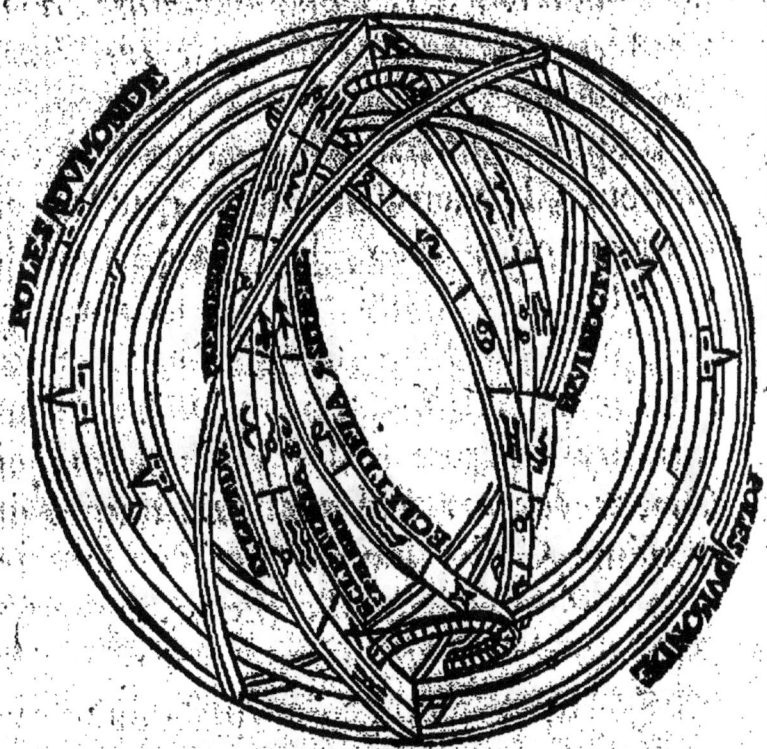

a Ce Mouvement étant fort lent est difficile à observer, ce qui fait que son Periode n'est pas le même chez tous les Astronomes. Les 49000 ans que l'Auteur luy

donne , eft felon les Tables Alphoncines,
Ptolomée luy donne 36000 ans , pour avancer d'un degré en cent années. Albategnius
luy attribue 25760 ans , & Copernic le fait
de 25798 ans , pour avancer toutes les années d'environ 50 fecondes.

non plus que celuy du dixiéme Ciel.
Neanmoins les douziémes parties de
ce Cercle , ne laiffent pas d'eftre appellées fignes : où l'on remarquera,
que du temps de l'Incarnation de Jefus-
Chrift , les commencemens du Belier
du dixiéme & du neuviéme Ciel étoient
l'un fous l'autre , lefquels à prefent fe
font avancez d'environ 11. degrez , &
30. minutes.

Du huitiéme Ciel.

LE huitiéme Ciel ou *Firmament* , *eft*
le Ciel des Eftoilles fixes , *qui fait*
fa revolution en 7000 *ans.*
L'efpace de la vie de l'homme n'ayant
pas efté fuffifant pour remarquer le
mouvement des Eftoilles fixes , a efté
caufe que pendant long-temps il a efté
ignoré. Hypparchus fut le premier qui
foigneufement s'y addonna , & ayant
comparé les obfervations qu'il avoit fai-

tes du lieu des Estoilles avec celles de
Timocharis, qui l'avoit precedé de
quelques 56 ans, reconnut enfin qu'elles avoient un mouvement tres-lent
d'Occident en Orient. Ce que Prolomée, qui vint 280 ans aprés Hypparchus, confirma, asseurant qu'en cent
ans les Estoilles faisoient un degré; &
que par consequent, le Periode de ce
mouvement estoit de 36000 ans sur les
Poles du Zodiaque : Voila quelle en
a esté l'opinion jusques en ce temps-là.
Mais parce que depuis on a reconnu
que le mouvement des Estoilles n'étoit
pas reglé, & que quelquefois il estoit
plus viste, d'autrefois plus tardif, quelquefois stationnaire, & d'autrefois retrograde, selon la diversité des siecles,
on a esté contraint d'avoir recours à
d'autres hypotheses, pour sauver les apparences Celestes. Thebit fils de Corat, Juif de nation, en inventa de
nouvelles, lesquelles bien qu'elles ne
puissent pas rendre raison de tous les
Phænomenes Celestes, neanmoins il a
frayé le chemin à ce grand Alfonse
dixiéme Roy de Castille, d'inventer les
siennes, qui sont beaucoup plus conformes au mouvement du Firmament.

Que si elles ne satisfont pas encore exactement, au moins elles donneront peut-estre occasion à quelque bel esprit d'en supposer d'autres, qui seront plus certaines. Cependant on se contentera de celles-cy.

Des trois Mouvemens qui s'observent aux Estoilles fixes.

IL y a trois sortes de Mouvemens aux Estoilles : le premier, tres-viste; sçavoir, le journal : le second, qui est tres-lent : & le troisième, de trépidation, qui luy est particulier.

Le premier mouvement est tres-manifeste, étant celuy qui se fait d'Orient en Occident sur les Poles du Monde en 24. heures, par la rapidité du dixiéme Ciel. Le second est celuy qui se fait d'Occident en Orient sur les Poles du Zodiaque, à chaque centaine d'année s'avançant de 44. minutes & 4 secondes, son periode est de 49000 ans, & est causé par le tardif & progrez du neuviéme Ciel. Le troisiéme, qui luy est particulier, merite bien d'estre décrit particulierement.

Du Mouvement de Trepidation.

LE *Mouvement de Trepidation* est un mouvement propre aux *Eſtoilles*, par lequel ils s'approchent & s'éloignent du *Midy* & du *Septentrion*.

Ce Mouvement ſe fait ſur deux petits Cercles de 18. degrez de diametre, qui ont pour centre les commencemens

du Belier & de la Balance du neuviéme Ciel, & leurs circonferences décrites par les commencemens du Belier

&

& de la Balance du huitiéme. Ils font
un tour en 7000 ans , durant lequel
temps les Ecliptiques se coupent diversement , & quelquefois font unies ensemble. Par ce mouvement le commencement du Belier du huitiéme Ciel,
va pour le temps present encore selon
l'ordre des Signes , & il est distant de
celuy du 9. de 8. degrez ou environ,
& de l'intersection vernale , ou du Belier du premier Mobile de quelques 27.
degrez.

Du Zodiaque du huitiéme Ciel.

IL y a trois Zodiaques ; l'un au dixiéme Ciel , sous lequel directement
est celuy du neuviéme : Et enfin le Zodiaque du Firmament. D'où il suit
qu'il y a trois Ecliptiques aux Cieux,
celles du premier Mobile , & du neuviéme Ciel , qui font estimées comme
une seule , pour estre l'une au dessous
de l'autre , & s'appellent Ecliptique
fixe , ou immuable , dautant qu'elles ne
s'écartent en un temps plus qu'en l'autre de l'Equateur. Et celle du huitiéme Ciel , qui est dite mobile , parce
qu'elle ne garde pas une égale distance

H

avec l'Equinoctial, mais s'en éloigne, & s'en approche plus ou moins, selon le mouvement propre du Firmament, qui se fait sur ces deux petits Cercles, qui ont pour centre les commencemens du Belier & de la Balance du neuviéme Ciel. Elle est aussi appellée la vraye Ecliptique, parce que c'est sous celle où se font les Eclipses, & que le Soleil parcourt continuellement. Et à l'égard de laquelle le lieu de toutes les Estoilles & de toutes les Planetes se considere ; l'Ecliptique immuable n'étant supposée que pour regler l'irregularité de la vraye, qui est muable.

De la section des Ecliptiques.

IL y a deux choses dignes de remarque au mouvement de Trepidation. La premiere, que les trois Ecliptiques sont rarement dans une même surface plane. Celle du huitiéme Ciel, faisant le plus souvent une declinaison notable d'avec les deux superieures qui sont jointes ensembles. L'autre, que l'Ecliptique du huitiéme Ciel, qui est celle sous laquelle le Soleil chemine, coupe l'Equateur en divers endroits, à cause

de sa mutabilité. Et que par consequent, les sections equinoctiales qu'elle
fait avec ce Cercle, sont variables, &
differentes de celles que fait l'ecliptique du premier Mobile, qui sont fixes.
Aussi quelquefois elles vont les premieres, & d'autresfois elles vont aprés.

Des Estoilles.

UNe Estoille est la partie la plus
dense & la plus luisante de son
ciel.

Les Anciens en ont compté jusques
à 1022. qu'ils ont nommées fixes, parce
qu'elles n'ont aucun mouvement dere-
glé ; mais elles gardent entr'elles toujours pareilles distances, comme si elles
estoient fichées dans le Firmament ; ou
comme d'autres veulent, parce qu'elles
sont emportées d'un mouvement tres
tardif, que les Astronomes ont reconnu par plusieurs observations faites en
un long espace de temps.

Il y a des Estoilles dans le Ciel qu'on
appelle nebuleuses, à cause qu'elles
semblent environnées d'un petit nuage.
On connoît par les Lunettes, que ces
Estoilles nebuleuses ne sont qu'un amas

de petites Estoilles qui ne se voyent
que confusément à l'œil. Telle est celle
de Cancer, d'Orion, du Sagittaire, &
une autre qui a esté trouvée par Monsieur Cassiny dans l'espace qui est entre
le grand & le petit Chien, qui est une
des plus belles à la Lunette.

Il y a encore des nebuleuses que la
Lunette ne fait que montrer plus grandes, sans les distinguer en Estoiles,
comme est celle de la ceinture d'Andromede, & une dans l'épée d'Orion :
dont la premiere approche de la figure
triangulaire, la seconde à celle d'un fer
de cheval, qui renferme un espace ex-
trémement sombre. Et enfin une qui
estoit proche de Saturne le mois de
Septembre 1665. au rapport de Monsieur
Cassiny, Directeur de l'Observatoire
Royal à Paris.

Des Asterismes.

A Sterisme ou Constellation est une
quantité d'Estoilles fixes, repre-
sentant par leur ordre ou disposition
l'image de quelque chose.

Les Phœniciens pour mieux connoître les Estoilles, les ont distinguées en

certaines claſſes, qu'Hypparchus nomme Aſteriſmes, & les Latins Conſtellations. Deſquelles il y en a douze au Zodiaque ; ſçavoir, le Belier, ou Jupiter Ammon : le Taureau, porteur d'Europe, ou Io : les Gemeaux, ou Caſtor & Pollux : l'Ecreviſſe : le Lyon Neméen : la Vierge, ou Cerés : la Balance : le Scorpion, ou la grande beſte : le Sagittaire, ou Chiron : le Capricorne, ou bouc marin : le Verſe-eau, ou Deucalion : les Poiſſons, ou les enfans de Derceto. Et entre le Zodiaque & le Pole Septentrional vingt & une : ſçavoir, la Cynoſure, ou petite Ourſe : Helice, ou la grande Ourſe : le Dragon, ou gardien des Heſperides : Cephée, ou Jaſides : le Bouvier, ou Gardien de l'Ourſe : la Couronne de Vulcan, ou de Theſée : Hercules, ou Promerhée : la Lyre d'Orphée, ou Vautour tombant : le Cygne, ou la Poule : le Trône Royal, ou Caſſiopée : Perſée, ou porteur du chef de Meduſe : le Chartier, ou Erichthon : le Serpentaire, ou Eſculape : le Serpent : le Dard, ou Demon meridien : l'Aigle raviſſeur de Ganimede : le Dauphin, porteur d'Arion : le Chevalet : Pegaſe,

ou Bellerophon : Andromede, ou la
femme enchantée : le Triangle, ou
Deltoton. Et quinze vers la partie Au-
ſtrales ; ſçavoir, la Baleine, ou Monſtre
marin : Orion, ou le furieux : l'Eridan, ou fleuve d'Orion : le Liévre : le
petit Chien : le grand Chien, ou Ca-
nicule : la Navire de Jaſon, ou Cha-
riot de mer : le Centaure, ou Mino-
taure : la Taſſe, ou la Cruche : le Cor-
beau, ou oyſeau de Phœbus : l'Hydre,
ou Couleuvre : le Loup, ou la Pan-
there : l'Autel, ou l'Encenſoir : la Couronne meridionale, ou roue d'Ixion :
le Poiſſon meridional, ou ſolitaire. Et
enfin douze autres qui ont eſté remar-
quées par ceux qui ont navigé vers le
Pole Antarctique ; ſçavoir, le Paon, le
Toucan, la Gruë, le Phenix, la Dorade,
le Poiſſon volant, l'Hydre, le Came-
leon, d'Abeille, la Mouche Indien-
ne, le triangle Auſtral, & d'Indien.
Dans leſquelles Conſtellations, nouvellement découvertes, on y compte 561
Eſtoilles.

Du septiéme Ciel.

LE septiéme Ciel est contigu au Firmament, & contient la Planete de Saturne, la plus haute de toutes, de couleur de plomb, froide & seche, qui est 91. fois plus grosse que la Terre.

Ciceron pense que Planete soit dit par antiphrase, comme Estoille, qui n'erre aucunement. Mais les Astronomes plus à propos disent qu'ils sont ainsi nommez, faisant comparaison aux Estoilles fixes, parce que leur mouvement est plus divers. Car Planete en Grec, signifie *errant.* a

a Les Lunettes nous ont fait paroître Saturne sous differentes figures, à cause d'un anneau qui est autour de luy comme un cercle plat & mince. Cet anneau n'etant pas vû de front, ne paroît pas rond, mais comme un cercle qu'on regarde obliquement. Il a été découvert par Mr Hugens, lequel en même temps a découvert une Planete, autour de Saturne, au milieu de deux autres qui ont été observées par Mr Cassiny, lequel depuis environ deux ans en a observé encore deux autres. Si bien que l'on compte à present cinq Satellites alentour de Saturne, lesquelles ont été nommées par Mr Cassiny, qui passe pour le premier Astronome de la

terre, *Sydera Lodoicea*, pour avoir été découvertes sous la protection de LOUIS
LE GRAND. Mais nous parlerons plus
particulierement de ces Satellites dans l'explication du Systeme de Copernic.

Des Planetes.

UNe Planete est une Estoille ad-
herante à un Orbe celeste, au
dessous du huitiéme Ciel, qui estant toujours sous le Zodiaque, ne laisse pas de
cheminer diversement.

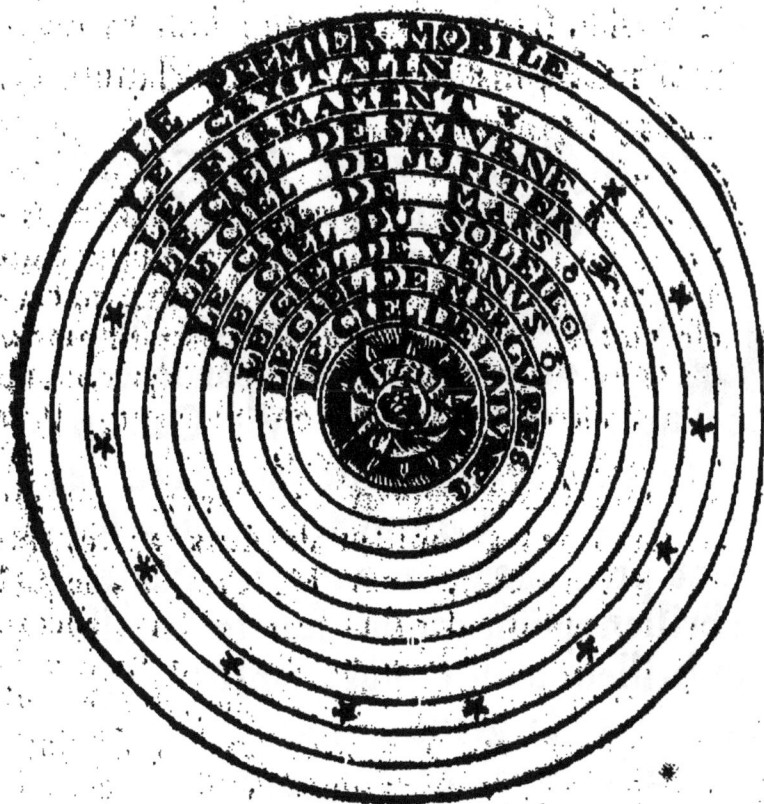

Il y a sept Cieux au deſſous du Firmament, pour les sept Planetes , deſquelles les trois plus hautes s'appellent les Planetes ſuperieures, les trois plus baſſes, les Planetes inferieures ; le Soleil comme leur Roy & moderateur, & le plus luiſant eſt au milieu.

Les Anciens ne connoiſſoient que sept Planetes, Saturne, Jupiter, Mars, le Soleil, Venus, Mercure, & la Lune. Depuis l'invention de la Lunette , on en a découvert ſept autres, quatre autour de Jupiter, & cinq alentour de Saturne , deſquelles nous parlerons dans la ſuite.

De la difference entre les Eſtoilles & les Planetes.

Qui veut bien connoître les Eſtoilles, doit commencer par la connoiſſance des Planetes , dit Cardan, pour ne les point confondre avec les Eſtoilles fixes. Ce qui ſera facile, ſçachant premierement que les Planetes ne brillent point comme font les Etoilles qui brillent tantôt plus , tantôt moins, à cauſe de la grande diſtance qu'elles ont de la terre, & des corps diapha-

I

nes qui se trouvent interposez entr'eux
& nous. Secondement, que les Planetes ne gardent pas toûjours entr'eux pareilles distances, ny à l'égard des Estoilles. Troisiémement, ceux qui sont ac-
coutumez à regarder au Ciel, distin-
guent aisément une Planete d'avec une
Estoille, parce que les Planettes leur
paroissent plus basses que les Estoilles
du Firmament.

De la difference entre les Planetes.

IL n'y a personne qui ne connoisse
premierement le Soleil & la Lune,
excepté les fols & les aveugles. Pour
Venus c'est la plus claire Estoille, &
la plus grande qui soit au Ciel, & si
pleine de lumiere, que souvent les
corps jettent des ombres à sa splendeur.
Elle se voit quelquefois de jour, quand
elle est à sa plus grande elongation du
Soleil. Jupiter n'est pas beaucoup different de la grandeur de Venus : mais
il n'est pas si luisant, & puis il est aisé
de le distinguer d'avec elle, parce que
Venus ne s'éloigne jamais du Soleil
plus de 48. degrez, où Jupiter est distant quelquefois de la moitié du Ciel.
Quand à la Planete de Mars, c'est

comme un petit feu rouge, qui éclate
& semble briller quelquefois, mais on
ne le prendra jamais pour Jupiter, ny
pour Venus, à cause de sa petitesse, de
sa rougeur, & de son obscurité. Saturne n'est pas beaucoup éloigné en apparence de la grandeur de Mars : mais
étant pâle, & de couleur de plomb,
& courant par un Ciel plus élevé, il
sera facile de la discerner des autres.
Pour Mercure il est mal-aisé à remarquer, parce qu'il ne s'éloigne guére du
Soleil plus de 28 degrez : mais on s'efforcera à le connoître quand par les tables du mouvement des Planetes, on
sçaura qu'il est en sa plus grande élongation. Je finiray ce Chapitre aprés
avoir enseigné la methode la plus facile que l'on puisse inventer pour connoître les Planetes : c'est qu'il faut avoir
des Ephemerides, & voir en quel Signe & degré se trouvent les Planetes,
& en ce même lieu où ils sont, appliquer un petit morceau de cire sur le
Zodiaque de la Sphere. Et puis la Sphere étant disposée selon l'élevation du
Pole, voir à quelle heure, & de quelle
part ils se levent sur l'horizon. Dequoy
nous dirons plus amplement au cinquième Livre.

De la difference des Estoilles fixes.

BIen que les Estoilles fixes se puissent distinguer par leur grandeur, leur couleur, splendeur, & brillement. Toutefois, le moyen le plus facile est de les remarquer par les configurations qu'elles ont avec les Estoilles voisines, les unes faisant une ligne droite, les autres un triangle, les autres un quarré, les autres une autre figure. Que si cela rend encore la chose incertaine, il faudra avoir un globe celeste, le disposer selon les parties du monde à l'heure presente, & selon l'élevation du lieu. Et faire un rapport de nuit des Estoilles qui sont au Ciel, avec celles qui sont sur l'Hemisphere superieur du Globe.

Du sixiéme Ciel.

LE sixiéme Ciel est contigu au Ciel de Saturne, & contient la Planete de Jupiter, fort luisante, d'une vertu temperée, qui est 95. fois plus grosse que la Terre.

Cette Planete est si claire, que sou-

vent le vulgaire la prend pour l'Eſtoille de Venus, ou du grand Chien. Mais
les ſçavans ne s'y abuſent pas, parce
que Venus eſt plus blanche, & que les
Eſtoilles fixes brillent, & non pas les
Planetes. *a*

Du cinquiéme Ciel.

LE cinquiéme Ciel eſt contigu au
Ciel de Jupiter, & contient la Planete de Mars, qui eſt de couleur rouge, & enflâmée, de temperamment
chaud & ſec. Cette Planete excede la
groſſeur de la Terre d'un tiers.

Selon Mr Caſſiny la ſolidité de Mars
eſt à celle de la Terre comme vingt-
ſept à cent vingt-cinq, & le diamettre
de Mars eſt à celuy de la Terre comme trois à cinq.

a Par le moyen des Lunettes à longue
vûë, on a découvert autour de Jupiter quatre petites Planetes, que Galilée a nommées
les Eſtoilles de Medicis, & qu'à preſent on
nomme les Satellites de Jupiter, leſquels ſe
meuvent autour de cette Planete en des temps
differens, & elles ſemblent aller tantoſt vers
l'Orient, & tantoſt vers l'Occident. Mais
il en ſera parlé plus particulierement dans
le Syſteme de Copernic.

Le même Auteur à reconnu par les taches qu'il a découvertes alentour de Mars, que cette Planette se meut autour de son axe en 24. heures & deux tiers, & que cet axe semble s'incliner à l'orbite de Mars.

Aprés avoir dit quelque chose en gros des trois Planetes superieures, J'ajoûteray maintenant la theorie de leurs mouvemens, mais la plus briéve que je pourray, pour donner quelque contentement à ceux qui sont curieux de ces sciences.

Theorie succincte des trois Planetes superieures, Saturne, Jupiter, & Mars.

ON a remarqué par les observations, que les trois Planetes, Saturne, Jupiter, & Mars, avoient des mouvemens semblables & que leurs revolutions differoient seulement en quantité de temps. Ainsi leur theorie se peut montrer ensemble.

Du nombre des Orbes.

IL y a quatre Orbes à chaque Pla-nete ; sçavoir, les deux Concentri-ques en partie, qui portent l'Apogée & le Perigée, l'Eccentrique & l'Epicycle, ausquels on ajoûte l'Equant, ou Cercle d'égalité.

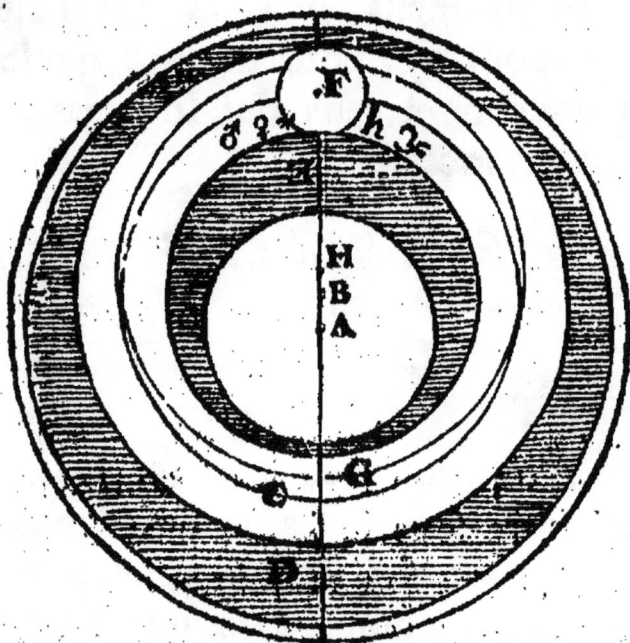

LEs deux Concentriques en partie, sont E, & D, le centre du Mon-de A, l'Eccentrique, l'Orbe blanc com-pris entre les deux noirs, son centre B, le lieu le plus éloigné de la Terre,

F, eſt dit Apogée ; celuy qui luy eſt oppoſé & plus proche, Perigée. Le Cercle d'égalité, G, (que l'on conçoit égal au Cercle C, qui eſt décrit par le mouvement du centre de l'Epicycle) ſon centre H, l'Epicycle F, qui porte le corps de la Planete.

Du mouvement des deux Concentriques en partie.

CEs deux Orbes ſe meuvent ſelon l'ordre des Signes, autour du centre du Monde, ſur les Poles de l'Ecliptique. Et par la vertu de la huitiéme Sphere, font un circuit en 49000 ans, emportant avec eux l'Apogée & le Perigée de ces Planetes.

Copernic conſidere icy deux mouvemens, l'un ſous les Eſtoilles fixes, & l'autre ſous le Zodiaque ; & dit que Saturne fait ſon tour ſous les Eſtoilles fixes, en 35333 années Egyptiennes, Jupiter en 119734. Mars en 45688. Mais ſous le Zodiaque, que Saturne revient en ſon même lieu aprés 14917. années Egyptiennes, Jupiter aprés 21237. Mars aprés 16416. Par ce mouvement l'Apogée de Saturne eſt maintenant au

20. du Sagittaire , celuy de Jupiter au 7. de la Balance , & celuy de Mars au 29. du Lyon.

Du mouvement des Eccentriques.

LEs Eccentriques de ces trois Pla-netes *superieures* , *se meuvent selon* l'ordre des Signes , *sur des Poles qui* leur *sont propres* , *inégalement declinans* du *Pole de l'Ecliptique. Le Periode de* celuy de Saturne *s'acheve en* 30. *ans* , celuy de *Iupiter en* 12. & celuy de *Mars* *presque en deux ans.*

Ce mouvement emporte les centres des Epicycles , & fait que celuy de Sa-turne parcourt le Zodiaque en 29. an-nées Egyptiennes , & presque 162. jours: celuy de Jupiter en 11. années , & quel-ques 315. jours : celuy de Mars en un an , & environ 322. jours. Mais sous le Firmament ils y retournent plus tard, Saturne étant 29. ans & 174. jours a-vant que de revenir au même lieu : Jupiter 11. ans , & 317. jours : Mars un an , & 322. jours.

Du Mouvement de leurs Epicycles.

LES Epicycles des Planetes superieu-res se meuvent selon l'ordre des Signes, autour des Axes mobiles, inclinez sur la surface de leurs Eccentriques. Saturne y fait son periode en 378. jours, Jupiter en 398. & Mars en 779.

Il est aisé à conjecturer, que puisque les Axes des Epicycles sont inclinez sur la surface de leurs Eccentriques, que leurs Plans ne sont pas unis ensemble, mais qu'ils ont une declinaison grande ou petite, selon l'inclination que peuvent avoir leurs Axes.

Du Mouvement de l'Equant, ou Cercle d'égalité.

L'Equant de ces trois Planetes, est un Cercle en même Plan que l'Eccentrique ; mais décrit sur un autre Centre, different toutefois de celuy du Monde.

Ce Cercle est ajoûté à la theorie des Planetes, parce que les conversions tant de l'Eccentrique que de l'Epicycle, ne sont pas égales sur leur centre.

Mais sur un autre point, qui est le centre de ce Cercle d'égalité, qui est toûjours dans la ligne de l'Apogée.

Du quatriéme Ciel.

LE quatriéme Ciel *est contigu à ce-luy de Mars, & contient cét Astre lumineux du Soleil, qui est le Prince des Planetes, de couleur blanche, tirant sur le rouge, situé au milieu des autres, comme un Roy, & qui par la vertu de ses rayons, échauffe toutes les choses terrestres. Il est plus grand que toute la terre de 166. fois.*

Selon Mr Cassiny, le Soleil est un million de fois plus grand que la Terre, parce qu'il veut que le diametre du Soleil soit centuple du diametre de la Terre.

Plusieurs Astronomes commencent la doctrine des seconds Mobiles par la theorie du Soleil, comme étant par les hypotheses, la plus simple & la plus facile à concevoir ; & de plus, parce que selon Ciceron, il est le Capitaine, Prince & Moderateur de toutes les autres lumieres, l'esprit du Monde & le temperament.

Theorie succinte du Soleil.

VOicy la theorie la moins difficile, & toutefois la plus utile,
dautant que toutes les autres Planetes
se reglent selon le mouvement du Soleil, qu'ils observent comme leur Prince
& Moderateur ; de sorte, que si son
mouvement n'est bien connu, il est
bien difficile de concevoir le mouvement des autres.

Du nombre des Orbes.

IL y en a trois seulement, deux Concentriques en partie, & l'Eccentrique, ou déferent du Soleil.

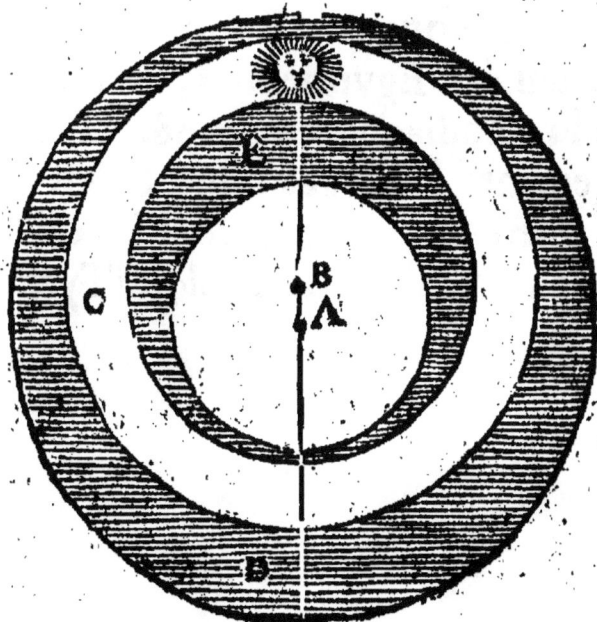

LEs deux Concentriques en partie, font les deux Orbes d'inégale épaiſſeur E, & D, le centre du Monde A, l'Eccentrique qui porte le Soleil eſt C, ſon centre B.

Du Mouvement des deux Concentriques en partie.

CEs deux Orbes ſe meuvent ſelon l'ordre des Signes, autour du centre du Monde, & par la vertu de la huitiéme Sphere, font leur tour en 49000. ans: emportant avec ſoy l'Apogée & le Perigée du Soleil.

Telle a eſté l'opinion d'Alfonſe. Mais Copernic, par pluſieurs obſervations, a reconnu que ces Orbes paſſoient au deſſous des Eſtoilles fixes en 50718. années Egyptiennes, & au deſſous du Zodiaque en 17108. Par ce mouvement l'Apogée du Soleil eſt maintenant au 8. degré de l'Ecreviſſe, ſelon ſon calcul: Mais ſelon Tycho, au 6.

Du Mouvement de l'Eccentrique.

L'Eccentrique du Soleil se meut selon l'ordre des Signes sous l'Ecliptique, & fait son tour en 365. jours, & prés de 6. heures.

Ce mouvement emportant le centre du Soleil, luy fait faire un tour sous l'Ecliptique en 365. jours 5. heures, & quelques 49. minutes, que l'on appelle l'an tropique. Mais le tour qui luy fait faire dessous le Firmament, est de quelque peu plus grand; sçavoir, de 365. jours six heures, & environ dix minutes, que l'on appelle l'an sideral.

De l'An.

L'An ou l'Année est un Phœnomene qui suit le mouvement du Soleil, c'est pourquoy nous en dirons icy quelque chose en passant.

Division de l'An.

IL y a deux sortes d'années : l'année civile, & l'année Astronomique.

L'année civile eſt celle de laquelle on ſe ſert communément, ſoit qu'elle ſoit reglée ſelon le mouvement du Soleil ou de la Lune.

L'année civile de laquelle on ſe ſert maintenant, a eſté ordonnée par Jules Ceſar : Et pour ce ſujet, elle s'appelle l'année Julienne. Elle eſt de 365. jours & 6. heures, qui font que de quatre en quatre ans, on ajoûte un jour en l'année biſſextille, qui a 366. jours.

L'année Aſtronomique eſt de deux ſortes ; Tropique & Siderale. L'année Tropique eſt l'eſpace de temps que le Soleil met à parcourir le Zodiaque.

Encore que cette année ſoit inégale, à cauſe de l'anticipation des Equinoxes, on la met toutefois de 365. jours 5. heures, & 49. minutes, prenant le moyen circuit entre le plus grand & le moindre. Elle eſt dite Tropique du mot grec *tropos*, qui ſignifie converſion.

L'an ſideral eſt l'eſpace de temps que le Soleil ſejourne, juſqu'à ce qu'il retourne ſous la même Eſtoille fixe.

Cette année eſt conſtamment de 365. jours ſix heures, & dix minutes ou environ, & plus grande que la prece-

dente, à caufe que les Eſtoilles s'avancent pendant que le Soleil fait ſon tour,
& pour ſon égalité, eſt la regle de
l'Année tropique.

Que l'on n'a pû trouver préciſé-ment la quantité de l'An.

SOit que l'on appelle une Année la
revolution que le Soleil fait ſous
le Zodiaque, à commencer depuis un
Equinoxe, ou depuis un Solſtice. Juſques aujourd'huy on n'a pû trouver
juſtement la quantité de l'An, y ayant
trois principales cauſes tirées des hypotheſes, qui l'ont toûjours empêché.
La premiere, le mouvement inégal du
Soleil dans ſon Eccentrique. La ſe-
conde, le progrez de ſon Apogée &
de ſon Perigée. La troiſiéme, dautant que le lieu des Equinoxes & des
Solſtices eſt incertain par le mouvement de trepidation. Car l'Ecliptique
du huitiéme Ciel, ſous laquelle le Soleil eſt porté, coupant l'Equateur en
divers endroits, fait que le retour du
Soleil eſtant pris à un commencement
vague & incertain eſt de neceſſité inégal
& incertain : D'où il ſuit l'anticipation
des

des Equinoxes & des Solstices. Ainsi il ne faut pas s'estonner s'il y a de la varieté entre les Auteurs, pour définir cette quantité.

Ptolemée ayant trouvé que l'année avoit 365. jours, 5. heures, 55. minutes, 12. secondes.

Albategnius qui vint aprés, 365. I. 5. H. 45. m. 36. se.

Alfonse & ses Sectateurs, 365. I. 5. H. 49. m. 15. se.

Copernic, 365. I. 5. H. 55. m. 18. se.

Tycho, 365. I. 5. H. 48. m. 45. se.

Et bien que la difference entre l'année civile & l'année tropique, soit petite; sçavoir de 10. ou de 11. minutes: neanmoins cette petite augmentation, que Cesar y donna plus que de raison, a excité de grandes difficultez pour la reformation du Calendrier, parce que l'Equinoxe du Printemps qui arriva du temps du Concile de Nice, au 20. ou au 21. du mois de Mars, se fait aujourd'huy au 10. ou à l'11. selon l'ancien stile, & on a esté contraint d'ôter 10. jours de l'année 1582. pour le remettre au même lieu qu'il estoit en ce temps-là, parce qu'il estoit monté trop haut. Ce changement arrivant dau-

K.

tant que de quatre en quatre ans, on
ajoûte un jour en l'année, que l'on
appelle bissextille, qui est une addition
plus grande qu'il ne faut, l'année n'ayant
que 365. jours cinq heures & quelques
minutes, comme il se voit cy-dessus.

Que les declinaisons du Soleil sont variables.

DAutant que le commencement du
Belier & de la Balance approche
quelque fois par le mouvement de tre-

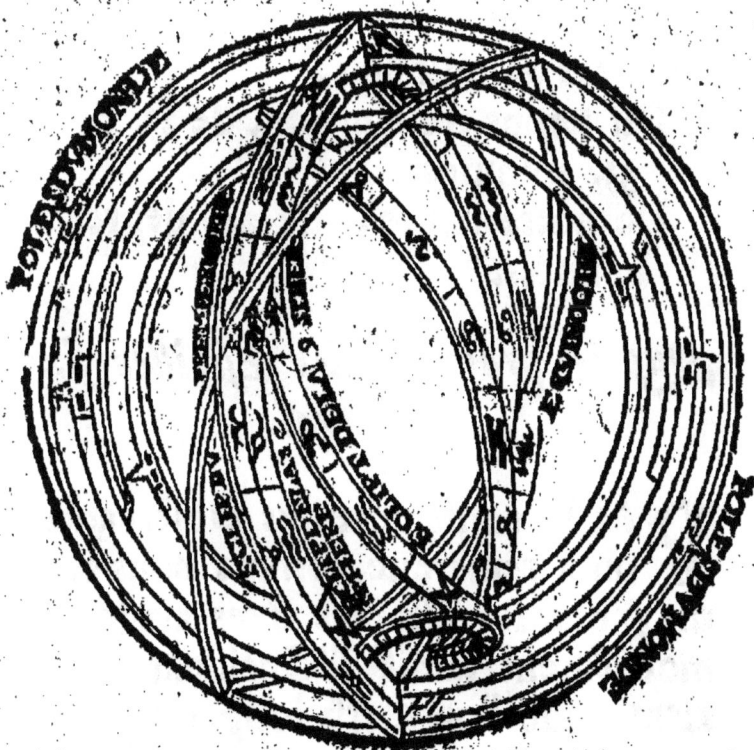

pidation , de l'Equateur, & quelquefois s'en éloigne. Les Tropiques qui
font décrits par les commencemens de
l'Ecrevisse & du Capricorne, font necessairement inégaux, & en un temps plus
grands & plus proches de l'Equateur:
En un autre, plus petits & plus éloignez , & par conséquent les declinai-
fons ou distances que le Soleil fait de
l'Equateur, variables, comme il se peut
voir par les observations cy-dessous.

Du temps de Ptolemée, la plus grande declinaison du Soleil estoit de
23. degrez 51. minute.

Du temps d'Albategnius, de 23. degrez 35. minutes.

Du temps d'Alcmeon, de 23. degrez
33. minutes.

De nôtre temps, de 23. degrez 29.
minutes.

Que le progrez des Estoilles fixes est inégal.

PAr la conference des Observations,
on a remarqué, comme nous avons
dit , que les Estoilles fixes avoient un
mouvement tardif d'Occident en O-
rient, que l'on a crû long-temps qu'il

leur étoit propre. Mais puis après on a observé qu'il étoit irregulier ; car du temps de Calippus., les Estoilles faisoient un degré en 72. ans. Entre Hipparchus & Menelaus, elles y étoient 100. ans : Entre Menelaus & Ptolemée , seulement 86. ans ; & quelque temps après n'y demeurerent plus que 76. ans , pour achever ce même espace : Ce qui arrive par le concours des mouvemens de la neuviéme & de la huitiéme Sphere. Car bien que le centre du petit Cercle soit emporté également par la conversion du neuviéme Ciel, toutefois, le mouvement de trepidation par le petit demy Cercle Boreal, augmente le mouvement de la neuviéme Sphere ; & en l'autre demy Cercle Austral, il en ôte tout autant. Et c'est d'où vient cette anomalie au progrez des Estoilles fixes.

D'où vient que le Soleil s'est abbaissé dans son Eccentrique.

IL semble que la nature se lasse, & qu'elle doive bien-tôt aller en son Occident avec le mouvement du Monde, comme étant reduite en son extrême vieilleſſe : Puis que le Soleil, comme pour échauffer la terre, & la rendre plus fertile, pour les generations ordinaires, s'eſt abbaiſſé dans ſon Ciel de plus de dix-huit milles lieuës. Car étant au temps paſſé diſtant de nous de 1190, demy diametres de la Terre, il ne ſe trouve maintenant plus éloigné que de 1179. Copernic s'efforce de rendre quelque raiſon de ce Phœnomene, par un ſecond Eccentrique, qu'il ſuppoſe à la theorie du Soleil, par lequel il démontre que s'il eſt plus proche de nous en ſon Apogée, auſſi en ſon Perigée il s'en éloigne davantage.

Des Jours.

LE Jour eſt naturel, ou artificiel. Le naturel, eſt l'eſpace de temps que le Soleil employe à faire une revolution, & à revenir ſous un même Cercle qui eſt immobile.

Comme le temps que le Soleil eſt à retourner tous les jours ſous le Meridien, ou en l'Horizon, eſt proprement le jour naturel ; une entiere revolution de l'Equinoctial, ne determine pas la quantité du jour naturel, parce que le

K iij

Soleil, par le mouvement contraire qu'il a à celuy du premier Mobile, fait en cét espace quelque petite partie de son Ciel.

Le jour artificiel est l'espace de temps qu'il y a entre le lever & le coucher du Soleil.

En la Zone torride & temperée, les jours artificiels sont toûjours plus petits que les naturels. Mais dans les Zones froides, ils sont souvent bien plus grands, comme étans quelquefois de plusieurs jours, & quelquefois de plusieurs mois.

Des Heures.

L'*Heure est égale, ou inégale. L'heure égale, est la 24. partie du jour naturel.*

C'est pourquoy 15. degrez de l'Equateur ne sont pas precisément la quantité de l'heure égale, puisque son entiere revolution ne fait pas un jour naturel.

L'heure inégale, est de jour & de nuit: l'heure inégale de jour, est la 12. partie du jour artificiel: l'heure inégale de nuit, est la 12. partie de la nuit.

C'eſt pourquoy l'heure inégale eſt quelquefois plus petite que l'heure égale, & quelquefois plus grande. Aux Equinoxes, les heures égales & inégales ſont de pareille durée. Aprés l'Equinoxe du Printemps juſqu'à l'Equinoxe d'Automne, les heures inégales de jour excedent les heures égales. Aprés l'Equinoxe d'Automne, au contraire, les heures inégales de jour ſont moindres que les égales. On obſervera toutefois, que ſi le jour artificiel excede 24. heures, comme il arrive dans la Zone froide, alors en ces temps-là cette diſtinction d'heure inégale n'eſt plus en uſage.

Du troiſiéme Ciel.

LE troiſiéme Ciel eſt contigu à celuy du Soleil, & contient la Planete de Venus d'une lumiere tres-éclatante, d'une qualité temperée. La groſſeur de laquelle égale la 37. partie de la Terre.

Cette Eſtoile paroît quelquefois, & quelquefois ne paroît point : Quand elle paroît, elle va devant le Soleil, ou le ſuit : Quand elle va devant, on l'appelle Phoſphore, ou Eſtoille du jour : Quand elle fuit le Soleil, elle est dite Hefperus, ou Eftoille du foir : Et quand elle ne fe voit pas, c'eft lors qu'elle eft jointe avec le Soleil, ou obfcurcie fous fes rayons : Et en ce temps elle s'appelle Venus. Pythagore a efté le premier qui en a obfervé le mouvement. *a*

a On a remarqué par le moyen des Lunetes à longue vûë, que cette Planete a fes phafes comme la Lune, mais qu'elle ne les a toutes qu'en l'efpace d'un an. D'où il eft aifé de conclurre, que comme la Lune, elle emprunte fa lumiere du Soleil. On a remarqué la même chofe à Mercure.

Theorie fuccinte de Venus.

CEtte Theorie eft fi peu differente de celle des trois Planetes fuperieures, que l'on luy pouvoit joindre; C'eft pourquoy nous la parcourrons legerement.

Du nombre des Orbes.

IL y a quatre Orbes ; fçavoir, les deux Concentriques en partie, l'Eccentrique & l'Epicycle, auquel on ajoute l'Equant ou Cercle d'égalité.

Les

LEs deux Concentriques en partie, font E, & D, le centre du Monde A, l'Eccentrique, tout l'espace blanc, compris entre les deux Orbes qui font noirs, fon centre B, le Cercle d'égalité G, (que l'on conçoit égal au Cercle C, qui eft décrit par le mouvement du centre de l'Epicycle) fon centre H, l'Epicycle F, qui porte le corps de la Planete.

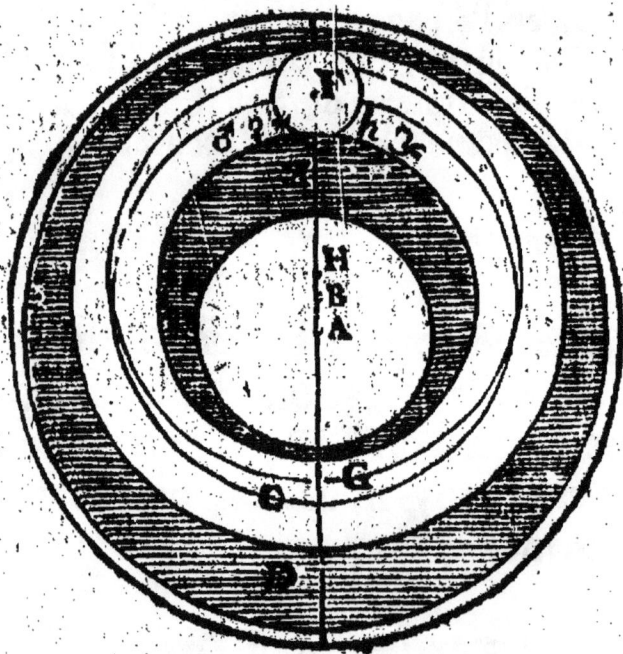

Du mouvement des deux Concentriques en partie.

CEs deux Orbes se meuvent selon l'ordre des Signes, autour du centre du Monde, mais sur des Poles qui leur sont propres, & qui errent çà & là, autour des Poles de l'Ecliptique. Et par la vertu de la huitiéme Sphere, font leur periode en 49000. ans.

Icy les Astronomes sont presque d'accord, ils different seulement au temps periodique. Ptolemée dit qu'ils font un tour en 36000. ans : Ceux qui suivent Alfonse en 49000. Et Copernic veut que ce soit en 25816. années Egyptiennes. Par ce mouvement l'Apogée de Venus est au 17. des Gemeaux. Alfonse a crû que l'Apogée du Soleil & de Venus étoient toûjours joints ensembles. Ce qui repugne toutefois aux observations.

Du mouvement de l'Eccentrique.

L'Eccentrique de Venus se meut selon l'ordre des Signes, sur des Poles *qui luy sont propres, mais mobiles, avec les Poles des deux Concentriques en partie. Il fait son tour precisément avec celuy du Soleil.*

L'Eccentrique du Soleil, de Venus, & de Mercure, faisant un circuit sous le Zodiaque en même temps precisément, ont donné occasion à quelques Astronomes, de colliger de là qu'ils étoient en même Ciel : Mais que Venus & Mercure tournoient au tour du Soleil, chacun dans un Epicycle particulier.

Du mouvement de l'Epicycle.

L'Epicycle de *Venus* se meut selon l'ordre des Signes, au tour d'un axe mobile, incliné sur la superficie de l'Eccentrique. Cette Planete y fait son tour en 583. jours & 22. heures.

Dautant que cette Planete & les trois superieures ont l'Eccentrique & l'Epicycle qui declinent diversement de l'Ecliptique. Pour ce sujet ils ont une double latitude ; l'une qui dépend de l'Eccentrique, l'autre qui procede de l'Epicycle.

Du mouvement de l'Equant, ou Cercle d'égalité.

L'Equant de cette Planete est un Cercle en même plan que l'Eccentrique, mais décrit sur un autre centre different toutefois de celuy du Monde.

En toutes les theories des Planetes, la définition de ce Cercle est semblable, pour avoir semblable effet. A celle du Soleil, il n'y en a point, ny en celle de la Lune, si ce n'est que l'on veüille dire que l'Equant & l'Eccentrique sont unis ensemble sur un même centre, à la Sphere du Soleil. Et à la Lune, que le Cercle d'égalité & le déferent sont un, ayans leurs centres joints avec celuy du Monde.

Du Deuxiéme Ciel.

L E deuxiéme Ciel est contigu à celuy de Venus, & contient la Planete de Mercure, qui est une petite Estoille blanche, d'une vertu diverse & inconstante, changeant son temperament selon la qualité de ceux avec lesquels il est. Cette Planete est petite, & ne

contient que la 22. milliéme partie de
la Terre.

La plûpart expliquent la theorie de
Mercure la derniere, à cause des difficultez qui s'y rencontroient. Car en
pas-un des autres on n'a point observé tant de mouvemens divers. Pour
ce sujet, plusieurs ont inventé des hypotheses selon leur fantaisie. Mais nous
suivrons icy la commune, & nous l'expliquerons le plus clairement qu'il nous
sera possible.

Theorie succinte de Mercure.

LES divers mouvemens qui se sont
observez en cette Planete, ont esté
cause que l'on y a supposé plus d'Orbes qu'en pas un des autres.

Du nombre des Orbes.

IL y en a six, quatre Concentriques
en partie; l'Eccentrique & l'Epicycle; avec lesquels on ajoûte l'Equant
ou Cercle d'égalité.

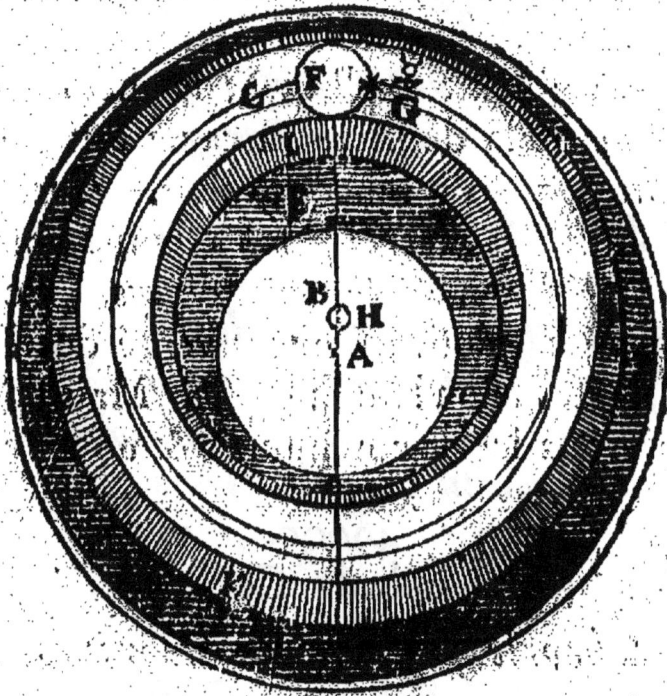

LEs deux Concentriques en partie
qui portent l'Apogée & le Perigée
E, & D, les deux autres I, & K,
qu'on appelle Eccentrique de l'Eccentrique, le centre du Monde A, l'Eccentrique l'Orbe blanc entierement d'é-
gale épaisseur, son centre B, le Cercle d'égalité G, (que l'on conçoit toûjours égal au Cercle C, qui est décrit
par le mouvement du centre de l'Epicycle) son centre H, l'Epicycle F, qui
porte la Planete.

*Du mouvement des deux Concen-
triques en partie, qui portent
l'Apogée & le Perigée.*

CEs deux Orbes se meuvent selon
l'ordre des Signes, autour du centre du Monde, mais sur des Poles qui
leur sont propres, & qui errent çà &
là, autour des Poles de l'Ecliptique.
Et par la vertu de la huitiéme Sphere,
font un circuit en 49000. ans.

Selon le calcul de Copernic, ces
Orbes font un tour sous les Estoilles
fixes en 22405. années Egyptiennes, &
sous le Zodiaque en 11995. Par ce
mouvement l'Apogée de Mercure est
maintenant au premier du Sagittaire.

Du mouvement de l'Eccentrique.

L'Eccentrique de Mercure se meut
selon l'ordre des Signes, sur des
Poles qui luy sont propres, mais mobiles avec les Poles des deux qui portent
l'Apogée & le Perigée. Il fait son tour
précisément avec celuy du Soleil.

Si Venus & Mercure n'avoient qu'un
Eccentrique, leur mouvement seroit

entierement conforme au mouvement
du Soleil, puisque ces trois Orbes
font leur circuit exactement en même
temps. Mais la diversité vient des Epicycles, dans lesquels ils font portez.

Du mouvement de l'Epicycle.

L'Epicycle de *Mercure* se meut selon
l'Ordre des Signes, autour d'un axe
mobile, incliné sur la surface de son
Eccentrique, dans lequel cette Planete
fait son tour en 115. jours & 22. heures.

Il y a trois choses dignes de remarque à la theorie des Planetes. Premierement, que tous les Concentriques
en partie ont leurs plans sous l'Ecliptique, excepté ceux de la Lune, qui
declinent de 5. degrez. Secondement,
que tous les Eccentriques declinent de
l'Ecliptique, excepté celuy du Soleil.
Et enfin que les axes de tous les Epicycles font inclinez sur le plan des Eccentriques, hormis celuy de la Lune,
qui est perpendiculaire.

Du mouvement de l'Equant, ou Cercle d'égalité.

L'Equant de cette Planete est un Cercle en même plan que l'Eccentrique, mais décrit sur un autre centre different toutefois de celuy du Monde.

En la Sphere de Saturne, de Jupiter, de Mars & de Venus, le centre du Cercle d'égalité est en la ligne de l'Apogée, au dessus du centre de l'Eccentrique. Mais à Mercure il est entre le centre du second Eccentrique, & de celuy du Monde.

Du mouvement du second Eccentrique.

L E second Eccentrique de Mercure se meut contre l'ordre des Signes, sur des Poles qui luy sont propres, mais mobiles avec les Poles des deux Orbes qui portent l'Apogée & le Perigée. Il fait son tour en 365. jours & 6. heures.

Cet Orbe a esté ajoûté pour rendre raison pourquoy l'Apogée de l'Eccentrique de Mercure va quelquefois se-

lon l'ordre des Signes, & quelquefois
au contraire.

Du premier Ciel.

LE premier Ciel est contigu à celuy
de *Mercure*, par enhaut, & par
embas embrasse les quatre Elemens,
& contient la Planete de la *Lune*, qui
emprunte sa lumiere du Soleil, d'une
couleur diverse, de temperament froide
& humide. Cette Planete, selon les
Anciens, est moindre que la *Terre* de
37. fois, & selon les nouveaux, de
quarante trois fois.

Selon Mr Cassiny, la Lune est à la
Terre, environ comme 1. à 52. parce
qu'il veut que le diametre de la Lune
soit au diametre environ comme 4. à
15. ou comme 1. à 3. trois quarts.

Endymion a esté le premier qui a
observé le mouvement de la Lune, &
pour cette cause les Poëtes ont feint
qu'il en estoit amoureux pendant qu'il
estoit en la montagne d'Ionie.

Theorie succinte de la Lune.

IL y en a qui expliquent la theorie de la Lune aprés celle du Soleil, comme estant la plus simple & la moins embarassée de difficultez. Mais ne traitant icy du mouvement des Planetes, que pour rendre raison des apparences plus manifestes, il n'y a pas beaucoup de sujet de vouloir changer l'ordre qui estoit commencé.

Du nombre des Orbes.

IL y a cinq Orbes au Ciel de la Lune, les deux concentriques en

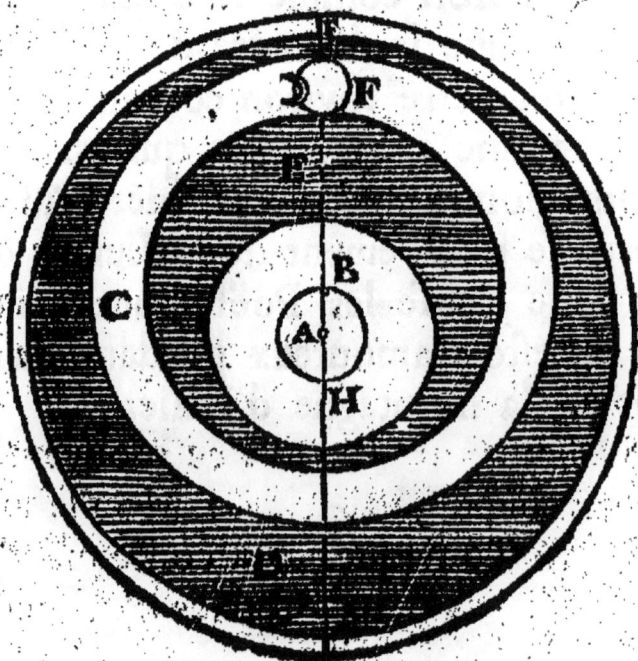

partie, l'Eccentrique, l'Epicycle, & le déferent de la tête & de la queuë du Dragon.

LEs deux Concentriques en partie, font les deux Orbes d'inégale épaiffeur E, & D, le centre du Monde A, l'Eccentrique C, qui porte l'Epicycle F, dans lequel eft le corps de la Planete. Le déferent eft l'Orbe exterieur G.

Du Mouvement des deux Concentriques en partie.

CEs deux Orbes fe meuvent contre l'ordre des Signes autour du centre du Monde, mais fur des Polés diftans de cinq degrez de ceux du Zodiaque. Leur mouvement journal eft d'onze degrez, & douze minutes, & leur converfion entiere fe fait en 32. jours & 3. heures, ils emportent avec eux l'Apogée & le Perigée de la Lune.

Dautant que l'axe de ce mouvement s'entrecoupe au centre du Monde avec l'axe du Zodiaque, par confequent le plan de ces deux Cercles decline de celuy de l'Eclipticle.

Du mouvement de l'Eccentrique.

L'Eccentrique de la Lune se meut selon l'ordre des Signes, également autour du centre du Monde, mais sur des Poles distans de cinq degrez de ceux du Zodiaque. Son mouvement journal est de 13. degrez & onze minutes, & sa conversion entiere se fait en 27. jours & 7. heures ou environ.

Ce mouvement emportant le centre de l'Epicycle, luy fait parcourir le Zodiaque en 27. jours 7. heures & 43. minutes, qui est la quantité du mois periodique.

Du Mouvement de l'Epicycle.

L'Epicycle de la Lune se meut contre l'ordre des Signes autour d'un axe qui est perpendiculaire sur le plan de l'Eccentrique, faisant chaque jour naturel 13. degrez & 4. minutes, & son periode en 27. jours treize heures & 19. minutes.

Il est aisé de conclurre de ce que dessus, que les deux Concentriques en partie, l'Eccentrique & l'Epicycle, sont en même plan, declinans de la surface de l'Ecliptique.

Du Mouvement du déferent de la teſte, & de la queuë du Dragon.

LE deferent de la teſte & de la queuë du Dragon, (que d'autres appellent Equant) ſe meut contre l'ordre des Signes, également autour du centre du Monde, mais ſur les Poles de l'Ecliptique, faiſant chaque jour naturel 3. minutes & 11. ſecondes ou environ, & ſon periode en 18. ans & preſque 224. jours.

Cet Orbe entourant & entraînant les trois autres, fait que la circonference de l'Eccentrique coupe continuellement l'Ecliptique en divers endroits tirant vers l'Occident.

De la Section de l'Ecliptique & de l'Eccentrique de la Lune.

L'Ecliptique & l'Eccentrique ſe mouvant tous deux autour du centre du Monde, mais ſur des axes divers, ſont cauſe que les plans de ces deux Orbes ou Cercles, s'entrecoupent toûjours en deux endroits : les Anciens ont nommé ces interſections, nœuds, ou teſte & queuë de Dragon.

De la Teſte du Dragon.

LA teſte du Dragon, eſt l'interſection de l'Ecliptique & de l'Eccentrique, par laquelle la Lune paſſe du Midy pour aller vers le Septentrion.

La Lune partant de ce lieu, eſt dite Septentrionale aſcendante, juſqu'à ce qu'elle ait atteint le 90. degré ou limite boreal, qui eſt le ventre du Dragon, & de là ſa latitude diminuant, eſt appellée Septentrionale deſcendante juſqu'à ce qu'elle ſoit arrivée à l'autre interſection.

De la queuë du Dragon.

LA queuë du Dragon, eſt l'interſection de l'Ecliptique & de l'Eccentrique par laquelle la Lune paſſe du Septentrion pour aller vers le Midy.

La Lune partant de ce lieu, eſt dite meridionale deſcendante, juſqu'à ce qu'elle ſoit parvenuë au 90. degré ou limite meridionale, & de là ſa latitude ſe diminuant, elle eſt appellée meridionale afcendante, jufqu'à ce qu'elle foit arrivée à l'autre interfection.

Du Mois.

COmme l'année eft reglée par le mouvement du Soleil, ainfi le mois eft reglé par le mouvement de la Lune. Mais dautant que le mouvement de la Lune n'eft confideré qu'à l'égard de l'Eccentrique ou au refpect du Soleil: c'eft pourquoy on fait deux fortes de mois feulement. Car touchant la douziéme partie de l'année, elle doit pluftoft eftre appellée mois folaire, que lunaire.

De la divifion des Mois.

LE mois eft de deux fortes, periodique & fynodique.

Il y en a qui en font de trois fortes y ajoûtant le mois d'illumination, qui eft l'efpace de temps qu'il y a depuis la Lune nouvelle, jufqu'à ce qu'elle finiffe, & ceffe d'eftre vûë.

Le mois periodique eft l'efpace de temps que la Lune demeure à faire un tour fous le Zodiaque.

Ce

Ce Periode eſt de 27. jours 7. heures & 43. minutes, & eſt ainſi nommé
comme qui diroit circulaire, car *perio-
dos* en Grec ſignifie circuit.

*Le mois ſynodique eſt l'eſpace de
temps que la Lune employe depuis l'inſtant de ſa conjonction avec le Soleil
juſqu'à ce qu'elle s'y rejoigne.*

Ce Periode eſt de 29. jours 12. heures & 44. minutes, & eſt proprement
le mois lunaire, car en cet eſpace la
Lune ſe change en toutes ſes faces;
croiſſante, cornuë, demy-pleine, boſ-
ſuë, pleine: & de pareille teneur, décroît juſqu'à ce qu'elle perde entierement ſa lumiere, ce mois eſt dit ſynodique de *ſynodos* qui en Grec ſignifie
conjonction.

En finiſſant la theorie des ſept Planetes, nous ajoûterons icy la Table
ſuivante que nous avons tirée des Obſervations de Mr Caſſiny, & qui montre en demy-diametres de la Terre, les
diſtances de ces ſept Planetes à la
Terre.

. *Lune.*

Plus grande diſtance

Moyenne,   57.
Petite,   53.

Mercure.

Plus grande distance, 33000.
Moyenne,   22000.
Petite,   11000.

Venus.

Plus grande distance, 38000.
Moyenne,   22000.
Petite,   6000.

Soleil.

Plus grande distance, 22374.
Moyenne,   22000.
Petite,   21626.

Mars.

Plus grande distance, 59000.
Moyenne,   33500.
Petite,   8000.

Jupiter.

Plus grande distance, 145000.

Moyenne, 115000.
Petite, 87000.

Saturne.

Plus grande diſtance, 244000.
Moyenne, 210000.
Petite, 176000.

De la Region Elementaire.

LA Region Elementaire, eſt la partie du Monde, qui eſt compriſe dans la concavité du Ciel de la Lune, en laquelle toutes choſes ſont corruptibles, & ſujettes au changement.

Nous avons dit au commencement de ce Livre, que le Monde eſtoit diviſé en la Region Etherée & en la Region Elementaire ; il reſte donc avant que de finir d'ajoûter quelque choſe des Elemens.

Des Elemens.

L'Element eſt un corps ſimple, qui ſert à la compoſition de tous les corps compoſez, & auſquels tous ſe reſondent.

L'ordre ſemble demander, qu'aprés

M ij

avoir descendu depuis le dernier Ciel
jusqu'aux Elemens, nous disions quelque chose en passant de leur nature &
de leurs qualitez.

Du nombre des Elemens.

LEs Elemens sont au nombre de qua-
tres, Sçavoir le Feu, l'Air, l'Eau,
& la Terre.

Il y a quelques nouveaux Philosophes qui n'en mettent que trois ; l'Air,
l'Eau & la Terre, parce que le Feu elementaire ne tombe sous aucun des
sens.

Des qualitez des Elemens.

LEs principales qualitez sont, Chaleur, Secheresse, Froideur & Humidité ; le Feu est chaud & sec, l'Air
chaud & humide, l'Eau humide &
froide, la Terre froide & seche.

Il y en a qui disputent si les qualitez des Elemens sont intenses ou re-
mises ; c'est à dire, si le feu qui est
chaud & sec, est extrèmement chaud &
extrèmement sec, ou extrèmement
chaud & moderément sec, mais cette

question n'est pas de ce lieu icy.

Du Mouvement des Elemens.

LE Mouvement des Elemens n'est pas circulaire, comme celuy des Cieux, mais il se fait selon une ligne droite, ou haut ou bas, celuy qui se fait en haut est propre au Feu & à l'Air, & celuy qui se fait en bas appartient à l'Eau & à la Terre.

Quant au Mouvement circulaire des Eaux que quelques-uns leur donnent, la verité est que les Nautonniers ont experimenté, que le cours qu'ils font au Levant, leur donne plus de peine que quand ils courent avec le Monde vers le Couchant, & ce d'autant plus qu'ils approchent vers la Ligne ou l'E-quinoxial. Mais de conclure de là que les Eaux suivent le mouvement des Cieux, il n'y a pas grande apparence, dautant que cette difficulté qu'ils eprou-

a On peut ajoûter icy en passant, que le Feu Elementaire est souverainement chaud & moderément sec. Que l'Air est souverainement humide, & moderément chaud. Que l'Eau est souverainement froide, & moderément humide. Et que la Terre est souverainement seche, & moderément froide.

vent, peut arriver à cause des vents qui souflent de ces quartiers là, que les Mariniers appellent Brises. *a*

Définition des Elemens.

LE Feu est un Element chaud & sec, l'Air un Element chaud & humide, l'Eau un Element humide & froid, la Terre un Element froid & sec.

Les Medecins les définissent par les premieres qualitez, ainsi selon eux le Feu est le premier chaud, l'Air le premier humide, l'Eau le premier froid, la Terre le premier sec. *b*

a Chaque Element symbolise avec son voisin, & est directement opposé à celuy duquel les qualitez luy sont contraires.

b La matiere des Elemens qui n'est pas transformée, mais seulement alterée, forme les Meteores qui sont de trois sortes; sçavoir les ignées, comme le tonnerre, les feux folets, les dragons ardens, les estoiles tombantes & tous les autres Phœnomenes du feu qui paroissent en l'air. D'autres sont aëriens, comme les vents & les tourbillons: mais les Meteores les plus ordinaires sont les aqueux, comme les nuées, l'Arc-en-Ciel, la grêle, la neige, la gelée, la pluye, la rozée & les autres semblables.

TRAITÉ
DE LA SPHERE
DU MONDE.

LIVRE III.

Des suppositions Astronomiques & Phænomenes.

Oicy où l'on trouvera du contentement, en considerant comment l'esprit humain a esté si curieux, que de rechercher les causes de tant d'effets si admirables en la nature, qui journellement apparoissent en nos yeux. Nous avons joint les Hypotheses avec les Phænomenes, comme estant une matiere presque semblable, & qui s'entr'aident à l'intelligence les unes des autres.

Des Hypotheses, ou suppositions Astronomiques.

Hypotheses est un principe manifeste qui tombe ordinairement sous le sens, & qui n'est pas d'ordinaire contredit, comme estant facile à estre démontré.

Les Astronomes pour fondement de leur doctrine, & pour rendre raison des apparences Celestes, prennent ordinairement celles qui s'ensuivent.

Que la Terre est au milieu du Monde.

IL y a environ 1800. ans que le Philosophe Aristarche Samien a crû, que la Terre n'estoit point au milieu du Monde, mais que c'estoit le Soleil, qui estant là comme immobile, donnoit de la clarté à tout l'univers. Ce Philosophe jugeant estre une absurdité grande, que la Terre qui produit une infinité d'animaux mobiles, fut immobile, & que la cause fut de pire condition que son effet. Cette opinion longuement ensevelie, a esté depuis quelque

quelque temps renouvellée par cet ex-
cellent Aftronome, nommé Copernic,
qui de gayeté de cœur, s'efforce de
prouver en fes revolutions la vérité de
cette hypothefe Samienne. Mais pour
demeurer à l'opinion la plus reçûë,
nous fuppofons avec les autres, que la
Terre eft au milieu du Monde, confi-
derant un grand déreglement qu'on ob-
ferveroit aux Phœnomenes, fi elle en
eftoit oftée. Car en quelque lieu qu'elle
puiffe eftre (principalement fi elle eftoit
notablement diftante du centre de l'U-
nivers, comme a fuppofé Copernic)
il s'enfuivroit que la diftance de deux
Eftoilles, obfervée par les inftrumens
ordinaires, ne paroîtroit pas de tous
les endroits de la Terre toûjours égale,
comme elle fait. Que les Equinoxes
ne fe feroient pas par tout le Monde,
quand le Soleil entre au Belier & en
la Balance : Que les longs jours artificiels n'égaleroient pas les longues nuits
artificielles : Que les ombres des ftyles
Orientales & Occidentales, feroient de
grandeur inégale, le Soleil eftant en
même élevation, & une infinité d'autres abfurditez. Ainfi nous conclue-
rons que la Terre, comme un Element

N

le plus pesant, a esté mise au lieu le plus bas. Or le lieu le plus bas, est celuy qui est plus éloigné du Ciel; & le lieu qui est plus éloigné du Ciel est le centre. C'est pourquoy la Terre est au centre, c'est à dire au milieu du Ciel, ou du Monde. *

Que la Terre est immobile.

C'Est un consentement presque universel de tous les Astronomes, que la Terre est immobile: car si elle se mouvoit, ce seroit hors de son lieu, ou sur son centre. Et si ce mouvement se faisoit hors de son lieu, toutes les apparences Celestes seroient déreglées, comme nous venons de démontrer. Et si elle faisoit un tour sur son centre en

---

* On peut ajoûter que si la Terre n'étoit pas au milieu du Monde, on ne verroit pas la moitié du Ciel, comme l'on fait en quelque lieu de la Terre que l'on soit, & que les Eclipses de Lune ne pourroient pas se faire quand la Lune est dans son plein, & par conséquent opposée diametralement au Soleil; parce qu'alors la Terre ne seroit pas entre ces deux luminaires, pour pouvoir éclipser la Lune par son ombre; ce qui est contre l'expérience.

24. heures , comme il y en a qui le veulent , les choses graves ne tomberoient pas à angles droits sur les surfaces planes. Un jet de pierre sur la terre , ou autre mouvement violent , seroit plus loin-tain d'un costé que d'autre. Les oyseaux qui volent en l'air , s'ils alloient vers l'Occident , pourroient à peine trouver leur nid. Il faudroit que ceux qui sont sous l'Equateur (où ces observations seroient plus manifestes , comme y estant le mouvement plus violent) fissent en un jour naturel un circuit de dix milles huit cens lieuës (ayant la terre autant de tour) qui leur seroit un mouvement non seulement sensible , mais dangereux , à cause de la rapidité qui ébranleroit tous les édifices : car en approchant vers les Poles, cette vitesse peu à peu s'allentiroit. C'est pourquoy sans extravaguer avec plusieurs esprits subtils , je suppose icy que la terre est immobile au centre du Monde , n'y ayant aucune raison assez forte qui ait pû me persuader de l'ôter de sa place ; n'estoit l'experience de Pierre Peregrin (si elle est vraie) qui me tient en doute, qui asseure qu'une petite boule d'aymant (qui represente une petite ter-

re) eſtant ſuſpenduë par ſes Poles ſous le Meridien, ſelon l'élevation du Pole du lieu, fait une revolution en 24. heures. Et conclud par là, que de même la terre fait une revolution ſur l'axe du Monde.

Que la Terre eſt un point, comparée à l'Univers.

BIen que le corps de la Terre ſoit tres-gros, & ſon étenduë immenſe, ſi eſt-ce qu'étant comparée à tout l'Univers, cette groſſeur eſt ſi peu de conſequence, qu'elle eſt inſenſible, & comme un point, pour pluſieurs raiſons.

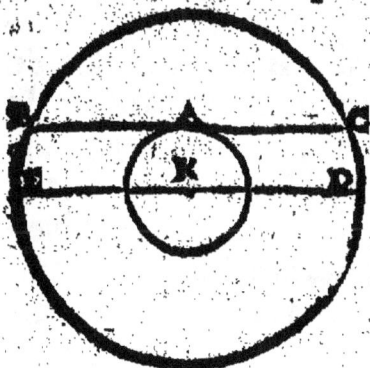

La premiere parce qu'en quelque endroit que l'homme ſoit, il voit ou peut voir toûjours ſix Signes du Zodiaque, & la moitié du Ciel; ce qui ne pourroit pas arriver, ſi la Terre avoit quelque quantité notable à l'égard de tout le Monde. Secondement cela ſe prouve par l'ombre des ſtyles, qui ne laiſſent pas de montrer préciſément l'heure ſur

la furface de la Terre, comme s'ils é-
toient dreffez à fon centre. Troifiéme-
ment, on confirme la chofe eftre ainfi,
par les inftrumens des Mathematiciens,
avec lefquels ils obfervent la hauteur
& la diftance des Aftres au deffus de la
Terre, comme s'ils étoient au centre. Et
enfin par la groffeur des Eftoilles fixes,
entre lefquelles la plus petite excede la
groffeur de la Terre. *a*

a On peut encore démontrer la petiteffe
de la Terre à l'égard du Ciel du Soleil, par
l'éclipfe de Lune, parce que dans certaines
rencontres on a vû la Lune éclipfée, & par
confequent diametralement oppofée au Soleil, & cependant on les a vû tous deux enfemble. Il eft bien vray que la caufe de cela eft la refraction , mais fi le diametre de
la Terre étoit confiderable à l'égard de la
Sphere du Soleil, cela ne pourroit jamais arriver. D'où il fuit que l'Horizon fenfible B
C, & le Rationnel ne different pas fenfiblement. On ne laiffe pas neanmoins de diftinguer deux fortes d'Horizons ; l'un rationel,
comme D E, qui paffe par le centre du Monde K, & l'autre fenfible, comme B C, qui
raze la furface de la Terre au point A : mais
ces deux Horizons ne different pas fenfiblement entr'eux, la difference B E, ou C D,
n'étant que d'environ un degré dans le Ciel
de la Lune, & de trois minutes dans le Ciel
du Soleil , & tout à fait infenfible dans le

N iij

Firmament : d'où il fuit qu'à l'égard des Eſtoilles fixes, la Terre peut paſſer pour un
point, ce qui fait que quelque point de la
Terre que ce ſoit, peut eſtre pris pour le
centre du Monde.

Que la Terre & l'Eau conſtituënt un corps Spherique.

C'Eſt une choſe reçuë de tous les
Philoſophes, que les eaux qui
coulent de leur nature, vont toûjours
vers la partie la plus baſſe. Et ainſi il
y a une infinité de collines, montagnes & vallées ſur la terre, que la nature y a laiſſé pour la commodité des
animaux qui vivent deſſus. Et bien
que ces éminences & concavitez con-
ſiderées en ſoy, paroiſſent grandes, é-
tans comparées toutefois à la groſſeur
du globe terreſtre, ſont ſi petites, qu'elles ne changent point pour cela la figure ronde. Car tout ainſi comme ſi
un ciron avoit à courir par deſſus une
groſſe boule de pierre, il ne feroit autre choſe que monter & deſcendre, à
cauſe de la rudeſſe & de l'inégalité du
corps : De même, l'homme eſtant à
l'égard de la terre, ce qu'un ciron eſt
au reſpect d'une boule de pierre, il ne

faut pas s'étonner s'il y rencontre quantité de montagnes & de vallées, qui toutefois, à raison de sa grosseur, ne peuvent & ne doivent empêcher qu'elle ne soit dite ronde. Et en effet, en l'éclipse de la Lune, où l'ombre de la figure de la terre est representée, on n'y apperçoit rien qui repugne à la rondeur du corps d'où elle provient. Et que si nous pouvions voir de loin la terre, comme nous voyons le Soleil & la Lune, c'est sans aucun doute qu'elle nous apparoîtroit de figure ronde.

Que la Terre est ronde.

LA figure de la Terre n'est point differente de celle du Monde, pour preuve. Premierement, on démontre qu'elle est ronde d'Orient en Occident: d'autant que les Signes & les Estoilles ne se couchent & ne se levent pas à tous les Habitans de la terre en même instant : Mais se levent premierement aux Orientaux, passent par leur

N iij

meridien , & se cachent pluftoft qu'à
ceux qui demeurent plus vers le couchant. Ce qui facilement se démontre
aux éclipses de la Lune, lesquelles encore qu'elles commencent en même in-
ftant par tout le Monde, toutefois nous
apparoiffent en diverfes heures, felon la
diftance que nous avons les uns des
autres, plus ou moins vers l'Occident.
Ainfi l'entiere éclipfe de Lune de cette
année 1627. que ceux de Francfort ont
vû le 28. Juillet à 6. heures 41. minute,
nous a paru à 6. heures & onze minutes , parce que Francfort eft une Ville
plus Orientale que Paris, environ de 8.
degrez, ou demy-heure. Et pour montrer qu'elle eft ronde auffi du Septentrion au Midy, il faudra confiderer le
mouvement des Cieux, & on obfervera
que ceux qui demeurent vers le Septentrion, ont fur leur Horizon, vers le
Pole Arctique, des Eftoilles de perpetuelle apparition ; c'eft à dire, qui ne
fe couchent jamais, & d'autres auffi
qu'ils ne peuvent jamais voir, qui font
vers le Pole Antarctique ; Et que s'il
leur arrive d'aller vers le Midy, ils
pourroient aller fi loin, qu'ils apperce-
vroient des Eftoilles fe lever, qui ne fe

levoient point au lieu de leur demeure
accouſtumée : Et au contraire, celles du
côté du Septentrion, qu'ils voyoient
toûjours, les unes a-
prés les autres s'ab-
baiſſer ſur l'Hori-
zon. Davantage,
il obſervera qu'à
meſure qu'il ira
vers l'un des Poles,
que la latitude de la
region s'augmentera ou diminuëra, à
raiſon du chemin qu'il fera, qui eſt un
indice certain, que la Terre a une forme ronde du Septentrion au Midy. *

Que l'Eau a la figure ronde.

IL ne faut pas s'imaginer que l'Eau
eſt au niveau ſur la terre, bien que
l'on s'en ſerve pour meſurer les Lignes
droites aux petites diſtances, elle a la
figure ronde auſſi bien que la Terre,
comme il eſt manifeſte aux grandes na-

* Les Phyſiciens prouvent la rondeur de
la Terre par l'effort de toutes ſes parties, qui
ſe preſſent également de toutes parts, pour
arriver & s'approcher de leur centre, qui eſt
le lieu le plus éloigné du Ciel.

vigations. Car au partir du port, insensiblement se perd de veuë le rivage, les maisons & les montagnes. Et quand on est au milieu des Mers, on ne voit plus que le Ciel & l'eau : Mais quand on commence à rapprocher vers la terre , on apperçoit petit à petit que les montagnes, les châteaux , les rochers se levent & se découvrent, ce qui est une experience asseurée , que les Mers ont une convexité : Et principalement, à cause que celuy qui est au haut de la hune d'un vaisseau , découvre plûtôt le port que celuy qui est sur le tillac.

Celuy qui circuit la Terre en sa navigation, trouve un jour de difference avec ceux de son Païs à son retour.

C'Est une chose digne de consideration, que ceux qui navigent sur les

Mers pour circuir le Monde, étans retournez en leur maison, ne s'accordent pas au jour qu'il est, avec ceux
qui n'ont bougé du lieu. Car s'ils ont
fait leur tour en s'en allant par le Couchant, étans arrivez, ils comptent un
jour moins du mois qu'il n'est, & s'il est
Dimanche, ils disent qu'il est Samedy.
Et au contraire, ceux qui vont contre
le mouvement journal du Soleil, vers
le Levant, étans retournez, comptent un
jour davantage ; & s'il est Dimanche où
ils arrivent, ils disent qu'il est Lundy.
En sorte que si deux Marchands arrivent
en leur Païs au jour du Dimanche, aprés
avoir tourné autour de la Terre, l'un
s'en étant allé vers l'Orient, l'autre vers
l'Occident, celuy qui aura esté par l'O-
rient, dira qu'il est Lundy, & l'autre
qui aura esté par le côté d'Occident, dira
qu'il est Samedy, & alors la difference sera de deux jours. Ce qui est toutefois vrai
sans qu'il y ait aucun mécompte. Car
celuy qui va avec le cours du Soleil, fait
en son voyage un des circuits que le Soleil fait en un jour, & pour ce sujet compte un jour demoins : Et l'autre qui va
contre son mouvement ordinaire vers le
Levant, fait que le Soleil passe une fois

davantage fous fon meridien, comme allant au devant de luy; & pour cette caufe, compte un jour de plus. Ce qui étant entendu, il eft aifé de foudre cet Enigme, comment il fe peut faire que deux Gemeaux nez en même heure & morts en même heure auffi, ayent vêcu des jours l'un plus que l'autre, dautant que fi l'un tourne autour de la terre plufieurs fois en s'en allant vers le Levant, celuy-la comptera autant de journées davantage que l'autre, qu'il aura fait de circuits au Monde. Et il y aura encore une plus grande difference de jours, fi tous les deux tournent autour du Monde, en s'en allant par divers endroits.

Que le Monde eft de figure Spherique.

Utrefois il y a eu des Philofophes qui ont eftimé que l'Univers eftoit de la forme d'un œuf, à ce qu'écrit Plutarque. Et pour ce fujet les Prêtres de Bacchus reveroient l'œuf en leurs Sacrifices, comme étant un fymbole du Monde. Ce que témoigne auffi Proclus, quand il dit que τὸ ὁρφικὸν ᾠὸν ἤ τὸ ἢ πλατωνὸς ὂν, eftre la même chofe.

Mais ceux qui ont esté les plus celebres,
ont tous dit, que le Monde estoit de figure spherique. La premiere cause, parce que tel il paroît à nos yeux. La seconde, dautant que la figure ronde est
la plus parfaite, & comme ayant quelque rapport avec la perfection de l'Ar-
chitecte Troisiémement, que c'est celle
qui est la plus facile à se mouvoir, sans
qu'il soit besoin d'autre espace, que le
lieu où elle est. Et enfin, parce qu'entre les figures solides isoperimetres; c'est
à dire de pareil circuit, la plus capable
pour contenir l'Univers,& le Globe ou
la Sphere. Car si Dieu eût fait le Monde
d'autre figure que ronde, il y eût eu plus
de circuit pour contenir ce qu'il contient.

Que le Monde se meut spherique-
ment.

UNe Sphere (comme est le Monde,
puis qu'il est de figure spherique)
est icy dite se mouvoir spheriquement,
quand elle se tourne sur un axe, sans
changer de lieu, comme il paroît aux
Spheres artificielles qui se meuvent par
maniere de dire en soy. Or on a re-

connu de tout temps par deux raisons,
que la Sphere naturelle, ou du Monde,
se meut de semblable façon. La premiere est que les Anciens qui ont esté Auteurs de ces hypotheses, ont observé que
les Etoilles se levoient, puis peu à peu
montoient vers le Midy, & de pareille
teneur s'abbaissoient vers le Couchant.
Et aprés avoir sejourné quelque temps
sous terre, derechef ils les voyoient se
lever de même part, & toûjours conti-
nuer le pareil circuit. L'autre raison est,
qu'à tous ceux qui habitent en la Sphere
oblique, les Estoilles qui sont auprés du
Pole, ne se cachent point, mais décrivent
des Cercles grands ou petits en 24. heures, selon les diverses distances qu'elles
ont dudit Pole du Monde. Si donc les
Estoilles qui sont comme des points ou
des petites parties, au regard des Cieux,
sont portez d'un mouvement circulaire.
Il est apparent que le mouvement du tout
est semblable au mouvement des parties:
& que par consequent la Sphere du
Monde se meut en rond ou spheriquement.

En supposant que le Ciel se meut alentour de ses deux poles, il suit évidem-
ment que la figure est spherique, laquelle

est conforme à un corps qui se meut en rond. Ce qui est évident par les reguliers levers & couchers des Estoilles , & par leurs regulieres élevations sur l'Horizon, conformes à tous nos Globes & Planispheres qui supposent ce mouvement circulaire. Comme aussi de ce que nous voyons de nuit, que la ceinture d'Orion fait un grand circuit, parce qu'elle est proche de l'Equateur : la grande Ourse un moindre : la Cynosure un plus petit & l'Estoille polaire un tres-petit. Ce qui marque qu'il y a un point fixe que nous appellons Pole, & par consequent un autre diametralement opposé , où l'on observe la même difference de circuit des Estoilles à mesure qu'elles s'éloignent de l'Equateur.

Des Phænomenes & apparences.

APrés avoir traité des hypotheses Astronomiques, nous expliquerons maintenant les apparences : sçavoir. Premierement celles qui dépendent de la conversion du premier mobile. Secondement, celles qui suivent simplement le mouvement des Planetes. Troisièmement, celles qui arrivent par leur mouvement à l'égard de la terre : & puis nous finirons ce troisiéme Livre par un petit discours des Phœnomenes extraordinaires.

Des Phœnomenes qui suivent le mouvement du premier Mobile.

IL y en a de deux sortes ; à sçavoir, le lever & le coucher des Signes, ou leurs ascensions & descentes : & le lever & le coucher des Estoilles.

Du Lever & du Coucher des Signes.

LE Lever & le Coucher des Signes, autrement le Lever & le Coucher Astronomique, est le temps que demeurent les Signes du Zodiaque à se lever sur l'Horizon, ou à se coucher au dessous. Ils appellent aussi ce Lever & Coucher ascensions & descentes des Signes, lesquelles sont de deux sortes, droites & obliques.

L'obliquité du Zodiaque, au respect du mouvement du premier Mobile, est cause que quelques Signes se levent & se couchent en diverses façons, les uns plus droitement, les autres plus obliquement

ment, d'où s'enfuit l'inégalité du temps.

Des ascensions droites & obliques.

LEs ascensions & descentes droites se font en la Sphere droite, les obliques en la Sphere oblique. Mais en l'une & en l'autre un Signe est dit monter ou descendre droitement, quand il demeure plus de deux heures à se lever & à se coucher: Comme monter & descendre obliquement, quand il y employe moins de deux heures.

Il y en a qui définissent les ascensions & les descentes des Signes par l'arc de l'Equateur, qui monte & descend sous l'Horizon avec les Signes. Et alors un Signe est dit monter ou descendre droitement, quand une plus grande partie de l'Equateur monte ou descend avec luy ; comme monter & descendre obliquement, quand c'est une moindre partie qui monte & descend.

Des ascensions & descentes selon la diverse position de la Sphere.

LEs ascensions & descentes des Signes sont bien differentes par tou-

te l'étenduë de la Terre. J'en diray icy
ce qui fera de plus notable.

Des afcenfions en la Sphere droite.

SOus l'Equateur où la Sphere eſt
droite, les huit Signes qui font les
plus proches des Equinoxes, ſe levent
obliquement. Et les quatre autres voiſins
des Solſtices, droitement.

Des afcenfions en la Sphere oblique.

BIen qu'il y ait une grande inégalité d'afcenfions en la Sphere oblique, on peut toutefois dire en général
que depuis le Solſtice d'Eſté juſqu'au Solſtice d'Hyver, les Signes ſe levent droitement: & au reſte du Zodiaque, obliquement.

Des afcenfions fous les Cercles Polaires.

SOus les Cercles Polaires il y a beaucoup de choſes dignes de remarque.
Premierement, il eſt à noter que le Soleil ſe leve & ſe couche en tous les endroits de l'Horizon deux fois l'an. Se-

condement, quand le Soleil est aux Signes ascendans, il a toûjours six Signes
qui l'accompagnent à son lever, & six
qui se couchent en même instant. Et
quand il court par les Signes descen-
dans, il a toûjours six Signes qui se
couchent avec luy en un moment, & six
qui se levent. Troisiémement, on remarquera que ce n'est pas une regle génerale,
qu'en tous les jours artificiels il se leve
six Signes. Car bien qu'en cette posi-
tion-cy, au plus petit jour de l'an, qui
n'est qu'un instant, il y ait six Signes
du Zodiaque qui se levent. Neanmoins,
quand le Soleil entre au Verse-eau, il y
en a sept; quand il entre aux Poissons,
huit; quand il est en l'Equinoxe, neuf;
quand il entre dans le Taureau, dix;
quand il entre aux Gemeaux, onze : Et
enfin quand il est au Solstice d'Esté, il
y en a douze : sçavoir, six qui se levent
toûjours en un instant, & les autres qui
suivent avec espace de temps. On expe-
rimentera le même en l'autre moitié du
Zodiaque ; mais avec cette difference,
que ceux qui se levent avec espace de
temps, montent les premiers, & ceux
qui se levent en un moment, viennent
aprés.

Des ascensions dans les Zones froides.

AUssi-tôt que l'on est entré dans les
Zones froides, les Signes du Zodiaque ne se levent & ne se couchent
selon l'ordinaire. Car par exemple, en
la Zone froide Septentrionale, les Signes qui sont vers l'Equinoxe du Printemps se levent à rebours, comme les
Gemeaux se levent devant le Taureau,
le Taureau devant le Belier, & par consequent les dernieres parties des Signes
devant les premieres. Le même se fait
aux trois autres ; le Capricorne, le Verse-
eau & les Poissons, bien que ces Signes
ne laissent pas pour cela de s'abbaisser
sous l'Horizon selon leur ordre. Au
contraire, les Signes qui sont proches de
l'Equinoxe de l'Automne de part & d'autre, se levent selon la Coûtume, mais
ils se couchent tout au contraire.

Des ascensions en la Sphere pa-rallele.

EN la Sphere parallele, sous les Poles, il n'y a aucunes ascensions des

Signes, ny defcentes : Car la moitié de l'Ecliptique eft toûjours fur l'Horizon, l'autre deffous.

Du lever & du coucher des Eftoiles.

LE lever & le coucher des Eftoiles eft de deux fortes, vray ou apparent. Le vray eft divifé en Cofmique & en Acronyque. L'apparent eft dit Heliaque ou Solaire.

Voicy un Phœnomene qui fuit le mouvement du premier mobile, & le cours ordinaire du Soleil : & ainfi il n'importe pas auquel des deux on le veüille rapporter.

Du lever & du coucher Cofmique.

LE lever Cofmique d'une Eftoile fe fait au matin, environ le lever du Soleil : ce qui arrive quand une Eftoile fe leve avec le Soleil fur l'Horizon, ou un peu devant, ou un peu aprés : Mais celle qui en même temps s'abbaiffe au deffous, a le coucher Cofmique.

Les Aftronomes appellent ce lever & coucher des Eftoiles Cofmique ; c'eft à dire mondain, ou avec le monde ; parce

que le monde semble au matin comme
renaître, & de nouveau recommencer
ses actions.

Du lever & du coucher Acronyque.

LE lever Acronyque d'une Estoille se
fait au soir, environ le coucher du
Soleil, & se fait quand une Estoille se
leve, lors que le Soleil se couche, ou
un peu devant ou un peu aprés : Mais
celle qui se couche avec luy, a le coucher Acronyque.

Quelques-uns, non sans raison, ont
appellé le lever & le coucher Cosmi-
que matutin, & l'Acronyque ou Cro-
nyque vespertin : parce que comme celuy-la se fait au matin, aussi celuy-cy se
fait aux Vêpres & sur le soir. Aussi
Acronyque signifie-t'il le commencement de la nuit.

Du lever & du coucher Solaire.

LE lever Solaire d'une Estoille se fait
quand une Estoille paroît sur l'Horizon, laquelle auparavant ne pouvoit
pas estre veüe, pour estre trop proche du
Soleil.

ET

Le coucher Solaire se fait quand on cesse de voir une Estoille sur l'Horizon, laquelle auparavant se voyoit, parce que le Soleil en estoit éloigné.

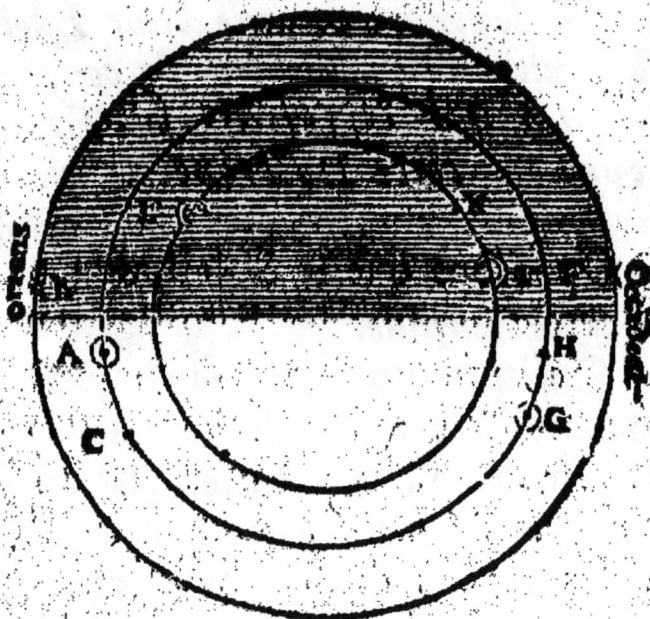

Ce lever & ce coucher des Estoilles est dit apparent non vray, parce qu'il ne se fait pas en l'Horizon, comme les precedens; mais plus haut, tant du côté d'Orient que d'Occident, selon que les Estoilles ont plus ou moins de lumiere. Il y avoit quelque utilité au temps passé d'entendre cecy, parce qu'avant que les saisons de l'année fus-

fent déterminées par le mouvement du
Soleil, les Poëtes, les Historiens & les
Auteurs de l'Agriculture, les définif-
foient par le lever & le coucher des
Eftoilles, comme il se voit dans Hefio-
de, Homere, Hyppocrate, Columelle,
Virgile, Ovide, & autres.

Figure qui represente facilement cette Doctrine.

SUppofons que le Soleil aille par le
cercle moyen, les Eftoilles qui auront un mouvement plus lent, par l'exterieur ; & celles qui vont plus vifte,
par l'interieur. Cela étant ainfi, foit
une Eftoille en B, cachée en Orient
par les rayons du Soleil qui eft en A,
dans peu de jours, quand il fera au
point C, cette Eftoille B, se fera voir,
& aura un lever Solaire du matin.
Aprés foit la Lune en I, qui pour être
trop voifine du Soleil, qui eft en H,
ne peut être appeçûë : quand elle fera
au point K, elle paroîtra, & aura un
lever Solaire du foir : Derechef, foit
une Eftoille en F, qui puiffe eftre vûë,
parce que le Soleil eft en G, quand
dans peu de temps il fera parvenu au
point

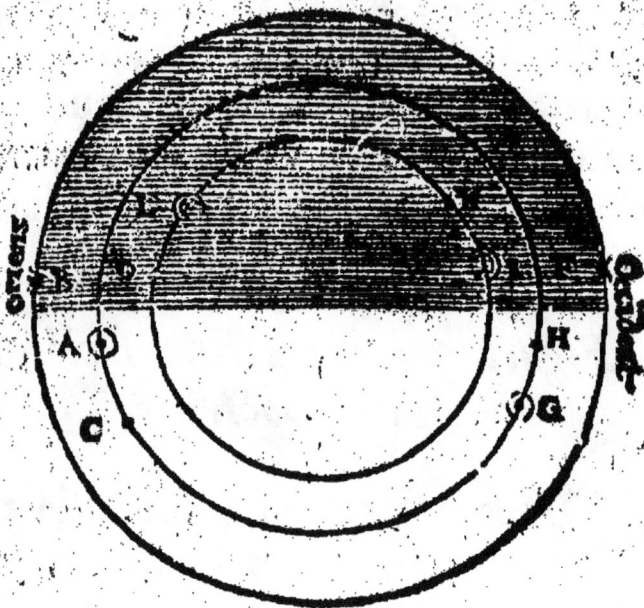

point H, elle difparoîtra, & aura un coucher Solaire du foir. Enfin fi on peut voir la Lune étant en E, à caufe que le Soleil eft en A, & éloigné d'elle: quand elle fera parvenuë au point D, on ne la verra plus pour eftre trop proche de luy, & ainfi elle aura un coucher Solaire du matin.

Des Phænomenes qui fuivent le mouvement des Planetes.

JE ne feray icy recit que des principaux, & de ceux qui font plus ap-

P

parens, laiſſant une honneſte curioſité aux amateurs de ces ſciences, de rechercher la cauſe de pluſieurs autres.

Les Diametres des Planetes paroiſ-ſent de diverſe grandeur.

CE qui arrive à cauſe de l'inégale diſtance qu'ils ont à l'égard de la Terre, en faiſant leur tour, qui n'eſt pas concentrique avec celuy du Monde. Car c'eſt un principe de perſpective, que plus les corps ſont éloignez, plus

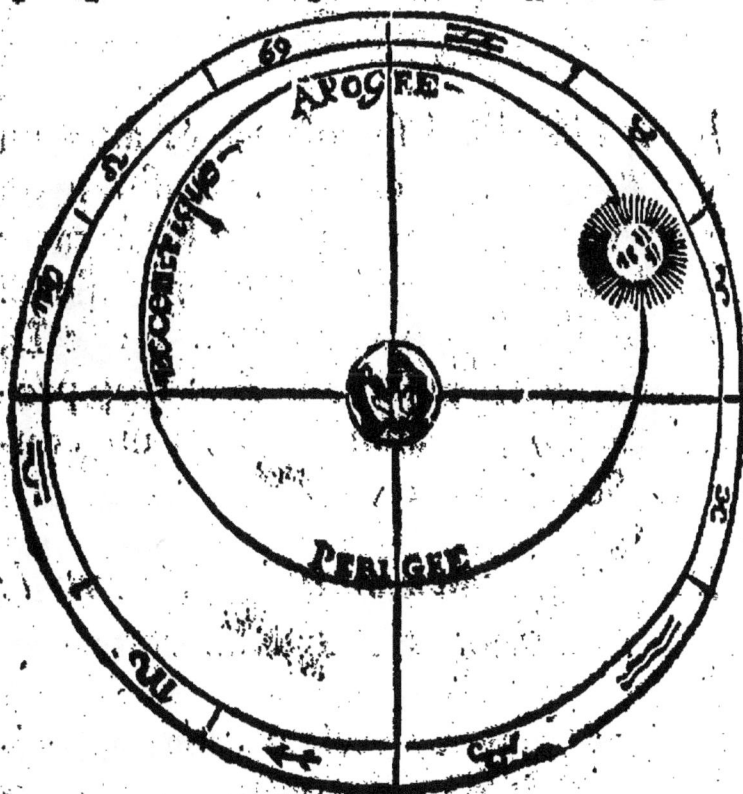

ils paroissent ; & plus ils sont proches,
plus ils paroissent grands. Et de là vient
que le Soleil, quand il est en son Eccentrique, au lieu le plus éloigné de la
Terre, qu'on appelle Apogée, il paroît
le plus petit : Et quand il est au lieu le
plus proche, qui est dit Perigée, il paroît le plus grand. Or le lieu de l'A-
pogée du Soleil en ce temps icy, est
le 6. de l'Ecreviste, & le lieu du
Perigée le 6. du Capricorne.

Les quatre Saisons de l'année, sont inégales.

LEs Pythagoriciens, à ce que dit
Geminus, considerant le mouvement des Planetes, ont supposé qu'ils
avoient des mouvemens circulaires,
comme l'experience le témoigne assez,
mais qu'ils étoient aussi toûjours égaux.
Car d'admettre une irregularité à ces
corps Celestes & divins, & de dire
que quelquefois ils vont plus viste, &
quelquefois plus lentement : ils esti-
moient cela estre une chose tres absurde, attendu qu'un homme sage & de
sens rassis, va toûjours d'un même pas,
bien que quelques occurrentes necess.

tez le pourroient quelquefois preſſer à
faire le contraire. Mais en cette nature
incorruptible des Aſtres, il ne peut y
arriver aucune occaſion de vîteſſe ou
de tardiveté. Ce qui étant bien raiſon-
nable, ils ont conclu que le Soleil cou-
roit par un cercle eccentrique ſous le
Zodiaque, tant à cauſe qu'ils avoient
obſervé le diametre du Soleil d'une
inégale grandeur, que parce qu'ils
voyoient que les ſaiſons de l'année
étoient inégales. Eſtant par experience
le Soleil un plus longtemps à courir

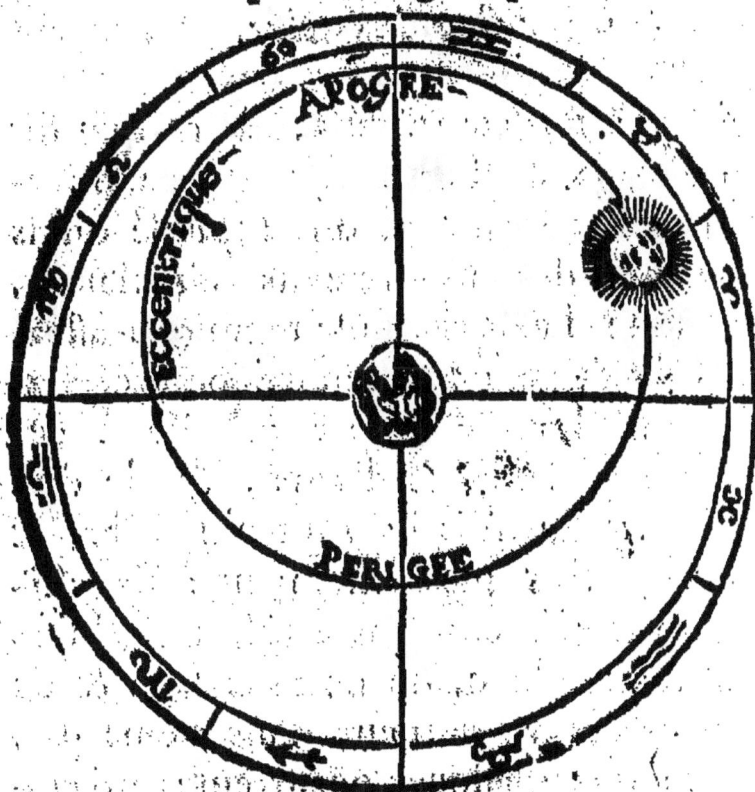

les Signes Septentrionaux, que ceux qui sont du côté du Midy, & qu'il y a plus de jours depuis l'Equinoxe du Printemps jusqu'à celuy d'Automne, que de celuy-cy jusqu'à l'autre. Ce qui est manifeste par cette figure, à laquelle la ligne qui va d'Orient en Occident, divise le Zodiaque en deux parties égales, mais l'Eccentrique du Soleil en deux inégales. Et supposant qu'il aille toûjours d'un pas égal, il est necessaire qu'il séjourne davantage en la partie de son Eccentrique qui sera plus grande, & moins en celle qui sera plus petite. Et ainsi par ce mouvement inégal, au respect du Monde, il parcourt les Signes du Printemps en 93. jours & 10. heures, ceux d'Esté en 93. jours 14. heures : les Signes d'Automne en 89. jours & 4. heures : les Signes d'Hyver en 89. jours & 2. heures.

D'où vient que les Planetes vont quelquefois selon l'ordre des Signes, d'autres fois contre l'ordre, & quelquefois semblent ne bouger de leur place.

LEs Aſtronomes pour rendre encore raiſon de quelques autres apparences, ont ſuppoſé un petit Cercle, comme b, c, d, e, qui porte la Planete, lequel a ſon centre en la circonference de l'Eccentrique, qu'ils appellent Epicycle, comme qui diroit Cercle ſur Cercle, qui fait que pendant que la Planete ſe meut en rond dans ce Cercle, il paroît quelquefois aller ſelon l'ordre des Signes, d'Occident en Orient, & alors il eſt dit directe, quelquefois auſſi aller contre l'ordre des Signes, d'Orient en Occident, & alors il eſt dit retrograde.　Et enfin quand quelque temps il ſemble ne bouger de ſa place, & eſtre toûjours au même lieu du Zodiaque ; c'eſt alors qu'il eſt dit ſtationaire, où l'on obſervera premierement que le Soleil, entre toutes les Planetes, ne va jamais en retrogra-

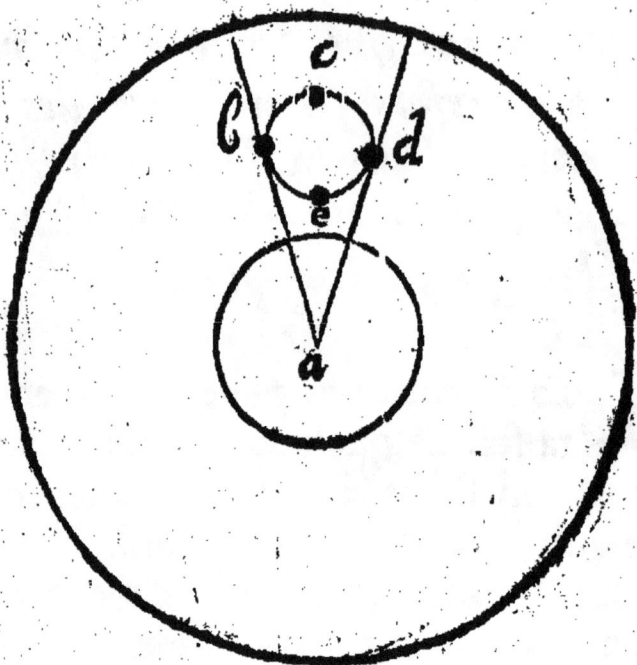

dant contre l'ordre des Signes. Et à cause de cela on n'a supposé aucun Epicycle en son mouvement, mais seulement un Eccentrique. Secondement, que bien que les Planetes soient portées en la moitié de leurs Epicycles contre l'ordre des Signes, elles ne laissent pourtant pas d'estre dites directes, si cette rettrogradation qu'elles font en ce petit Cercle, est surmontée par le mouvement de l'Eccentrique, qui va toûjours d'Occident en Orient, selon l'ordre des Signes. Ainsi la Lune, encore qu'elle ait un Epicycle, elle n'est

Perigée

TERRE

EPICYCLE

Apogée

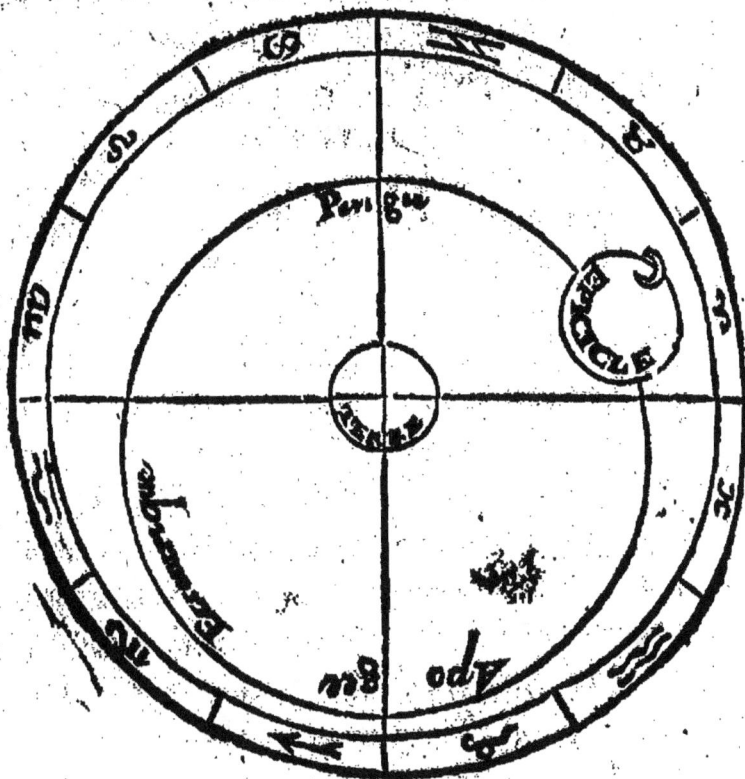

toutefois jamais dite retrograde , bien qu'elle aille par la partie superieure de son Epicycle contre l'ordre des Signes, parce que le mouvement de son Eccentrique , surmonte celuy de l'Epicycle. Les tables des Ephemerides montrent cette doctrine tres-clairement , parce qu'elles assignent pour tous les jours le lieu des Planetes à Midy precisément sous le Zodiaque , & si le lieu d'une Planete de quelque jour excede le precedent de quelques degrez ou de quelques minutes , les Planetes sont dites

directes, si le mouvement décroît, elles
sont dites retrogrades, & s'il ne croît
ny ne décroît, stationaires.

D'où vient que la Lune va quel-
quefois plus viste sous le Zo-
diaque, & quelquefois plus
lentement.

POur bien entendre cecy, il faut
sçavoir que tous les Eccentriques
vont d'Occident en Orient, comme
nous avons dit, & que les Planetes
qui sont portées dans leur Epicycle,
vont tantost d'un costé, tantost de l'autre. Or est-il que le mouvement que
fait la Lune en son Epicycle, étant
toûjours surmonté par celuy de l'Eccentrique, elle n'est jamais dite retrograde. Toutefois, quand son mouvement est contre l'ordre des Signes,
cela allentit un peu le chemin qu'elle
fait sous le Zodiaque, & est dite en
ce temps-là tardive en sa course. Et
quand son corps va de même part que
l'Eccentrique, elle va fort viste selon
l'ordre des Signes, & c'est alors qu'elle
est dite viste en sa course. Et enfin
quand elle nous paroît aller seulement

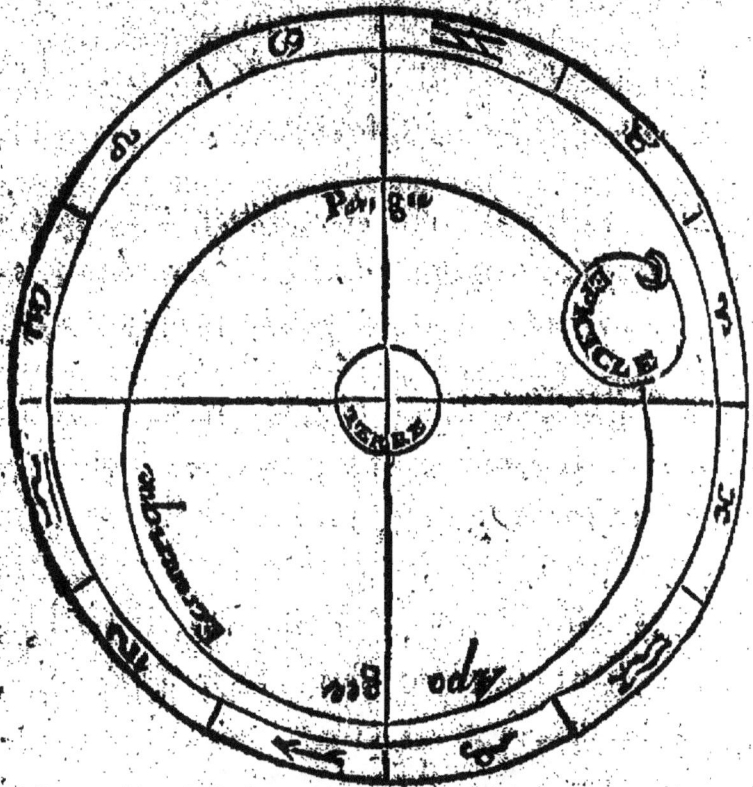

comme à raison du mouvement de l'Eccentrique, elle est dite mediocre en sa
course. Cette diversité de vitesse se
peut remarquer aux Almanacs, où
l'on voit quelquefois que la Lune ne
demeure que deux jours en un Signe,
& quelquefois aussi elle y demeure
trois. Ce mouvement fait haster les
crises aux maladies, ou les retarde.

D'où viennent les grandes retrogradations des Planetes.

CEla vient du mouvement tardif de leur Ciel, & de la grandeur de leurs Epicycles, lesquels on peut considerer en eux, ou à comparaison des Eccentriques qui les portent. Si on les considere en eux, le plus grand de tous est celuy de Saturne, puis celuy de Mars, de Jupiter, de Venus, de Mercure, & de la Lune. Et si on les compare avec leurs Eccentriques, alors le plus grand sera celuy de Venus, puis celuy de Mars, de Mercure, de Jupiter, de la Lune, & de Saturne. Mais cette derniere consideration ne fait pas tant les retrogradations grandes que la precedente, principalement quand il s'y rencontre le mouvement tardif de l'Eccentrique. Par exemple, le Ciel de Saturne fait en un an quelques douze degrez du Zodiaque, durant lequel temps cette Planete va d'Orient en Occident par retrogradation, environ l'espace de quatre mois & demy. Jupiter est retrograde quelque peu moins, Mars environ deux mois

& quelques jours. Les retrogradations des autres inferieures, font de moindre durée. Et la Lune, à caufe de la vîteffe de fon Eccentrique, & de la petiteffe de fon Epicycle, n'eft fujette à aucune retrogradation : mais elle eft portée toûjours vers l'Orient. *a*

D'où vient que la Lune approche plus prés de nôtre Zenith, que le Soleil.

SI le chemin de la Lune eftoit au deffous de celuy du Soleil, la Lune n'approcheroit pas plus prés de nôtre point vertical que fait le Soleil : mais d'autant que le circuit qu'elle fait autour de la Terre, biaife fous l'Ecliptique, elle ne fe trouve fous l'Ecliptique, que deux fois le mois, & s'éloigne par ce biaifement de cinq degrez de la route ordinaire du Soleil. D'où vient que fi en cette élongation elle fe trouve du côté du Septentrion fous nôtre Meri-

a L'Arc de la retrogradation de Mars eft de 12. degrez & quelquefois de 20. Celuy de Jupiter eft de 20. & celuy de Saturne eft de 7. Mars ne retrograde qu'environ de deux en deux ans, Jupiter & Saturne tous les ans.

dien, elle nous paroît presque verticale, comme approchant de nôtre Zenith de cinq degrez davantage que ne fait le Soleil aux plus longs jours d'Esté. Mais au contraire, aussi elle s'écarte plus vers le Midy, que le Soleil ne fait aux plus longs jours d'Hyver. *a*

Des aspects des Planetes.

L'Aspect des Planetes est une certaine distance qu'elles ont au Zodiaque, par laquelle elles s'aident, ou s'empêchent les unes les autres.

Il y a quatre sortes d'aspects entre les Planetes; sçavoir, quand la distance entr'eux est de deux Signes, de trois, de quatre, ou de six. Et bien qu'il en puisse arriver une infinité d'autres, toutefois parce qu'ils sont de peu d'efficace & de pouvoir, pour faire des mutations insignes aux corps inferieurs.

a L'obliquité de l'Eccentrique de la Lune à l'égard de celuy du Soleil, luy donne une plus grande declinaison qu'au Soleil, & par consequent une plus grande amplitude Orientale & Occidentale, & un plus grand Arc diurne, quand elle est Septentrionale, ou un plus petit, quand elle est Meridionale.

Les Astronomes se sont contentez seulement de ces quatre qu'ils ont nommez : Aspect sectil, quand il y a deux Signes, ou 60. degrez entre deux : Quadrat, quand il y en a trois, ou 90. parties : Trine, quand il y en a quatre ou six vingts degrez : Et enfin opposition quand la distance sera de 180. degrez, ou de 6. Signes. Ainsi le Soleil estant au 10. du Belier, a un regard sectil avec la Lune, qui est au dixiéme des Gemeaux : un regard quadrat à Mars, qui seroit au dixiéme de l'Ecrevisse : un regard trine à Jupiter, qui occuperoit le dixiéme du Lyon : & enfin un regard opposé à Saturne, qui se trouveroit au dixiéme de la Balance.

Des aspects bons & mauvais.

LEs aspects des Planetes ne sont de même genre : Car quelquefois ils s'entrevoyent de mauvais œil, & quelquefois aussi d'un doux regard. L'aspect opposé est du tout malin, tant à cause de la distance, qui ne peut estre plus grande, qu'à cause de la discordance des Signes opposez, qui sont de diverse nature. En aprés fuit l'afpect quadrat, qui n'eft pas fi mauvais, mais il ne laiffe pas de menacer de quelque malheur, dautant que les Signes feparez de telle diftance, ne font ny de même fexe, ny de même nature. Mais comme il y en a deux mauvais, auffi il y en a deux bons : l'un trine, qui promet tout bien, parce que les Signes conviennent en fexe & en nature : & le fextil, auquel bien que les Signes ne s'accordent comme au trine, auffi ils ne font pas du tout contraires les uns autres, mais ils fymbolifent en quelque chofe. ◄

◄ Les Planetes fe divifent en mafculines, qui font les plus chaudes, & en feminines qui font les plus humides, & en androgines, qui font tantoft chaudes & tantoft humides. Saturne, Jupiter, Mars, & le Soleil font mafculines, Venus & la Lune font feminines, & Mercure eft harmaphrodite, parce qu'il eft fec proche du Soleil, & humide proche de la Lune.

Toutes les Planetes font auffi appellées mafculines, quand elles précedent le Soleil avant Midy, & feminines quand elles fuivent le Soleil aprés Midy. Elles font encore appellées mafculines & feminines à l'égard du Meridien, les afcendantes eftans mafculines, & les descendantes feminines.

Les Planetes se divisent aussi en bienfaisantes, en malfaisantes, & en communes, qui font tantost du bien, tantost du mal. Les bienfaisantes, sont Jupiter, Venus, vn peu la Lune, à cause de leur chaleur & de leur humidité, qui les rendent fecondes & vivifiantes. Les malfaisantes, sont Saturne qui refroidit & desseiche, & Mars qui brûle & desseiche. Les communes, sont le Soleil & Mercure, parce que selon leur conjonction avec des Astres bienfaisans ou malfaisans de leur nature, ils font tantost du bien & tantost du mal.

Des Phænomenes qui suivent le mouvement des Planetes, comparez à la Terre.

ON pourroit rapporter, si on vouloit, toutes les apparences Celestes en ce lieu, parce qu'elles sont considerées à l'égard de ceux qui habitent sur la Terre. Mais d'autant qu'il y en a qui arrivent à cause de la quantité notable que la Terre a en comparaison de certains Cieux. Pour ce sujet nous en ferons ce Chapitre à part.

Des

Des conjonctions des Planetes.

LA conjonction de deux Planetes est une rencontre qu'ils font sous une même ligne droite, au respect d'un certain lieu qui est sur la Terre.

Il est facile à conjecturer pourquoy nous n'avons pas mis la conjonction des Planetes avec leurs aspects, parce que les Planetes en cette disposition n'ont aucune distance entr'elles, mais elles se trouvent en même ligne, l'une au dessous de l'autre. Or cette ligne en laquelle elles se trouvent, peut être considerée, comme partant du centre de la Terre, comme lors que la Lune est en C, & le Soleil en F, ou de sa superficie. Si elle part du centre de la Terre, alors les Planetes C, F, qui se

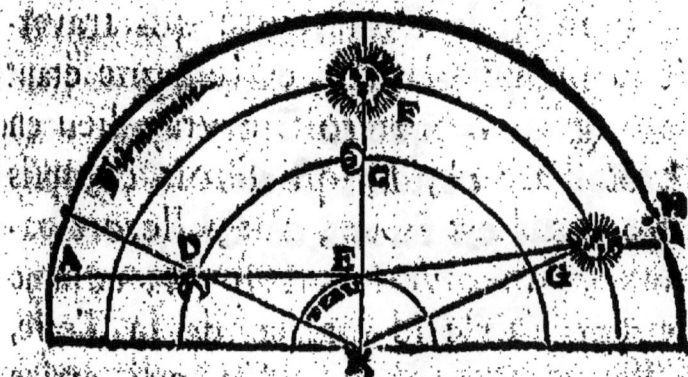

trouvent sous cette ligne, sont dites
être en une vraye conjonction, & si elle
part de la surface de la Terre, cette
conjonction sera seulement dite apparente, comme il se voit plus facilement
dans la Figure.

Des Parallaxes des Planetes.

LE Parallaxe est un arc ou partie de
circonference du huitiéme Ciel,
compris entre le vray lieu d'une Pla-
neté, & son lieu apparent.

J'expliqueray cecy en peu de mots.
Si de la surface de la Terre où nous
sommes, nous imaginons une ligne
droite qui parte de nôtre œil E, &
passe par le centre d'une Planete G, cette
ligne étant prolongée montrera au Zodiaque le lieu apparent de la Planete
en I. Mais si du centre de la Terre V,
on en imaginoit une autre qui traver-
sast la même Planete, cette ligne étant
prolongée, montreroit le vray lieu en
H, & l'arc H, I, qui seroit compris
entre ces deux lieux, s'appelleroit parallaxe, ou diversité d'aspect, comme
l'un partant de la surface de la Terre,
& l'autre du centre. Ce qui arrive

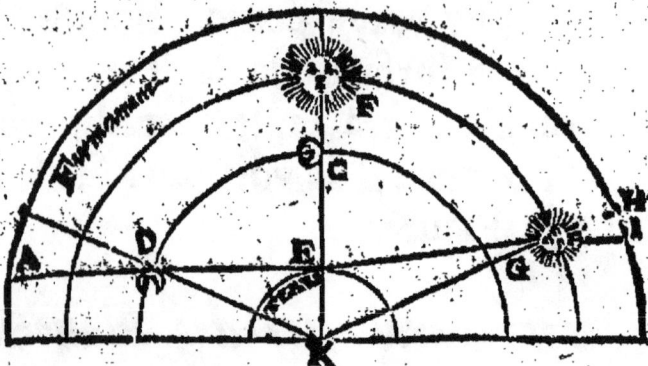

seulement aux Planetes inferieures,
dautant que le diametre de la Terre a
quelque quantité notable à l'égard de
leurs distances , & non pas aux superieures & aux Estoilles, à cause qu'elles
sont trop éloignées. Au reste on observera que plus les Planetes sont prés
de l'Horizon, plus leur parallaxe est
grand, & qu'il n'y en a aucun quand
la Planete est verticale, parce que les
lignes qui partent de la surface & du
centre de la Terre, finissent ensemble
& montrent étant prolongées un même lieu au Ciel.

Du lever & du coucher du Soleil.

C'Est un des Phœnomenes plus manifestes, que le lever & le coucher du Soleil, à cause de la clarté &

de la chaleur qu'il traîne avec foy, chaffant par fa prefence l'obfcurité de la froidure, qui font des qualitez effentielles à tous les Elemens. *a*

De la diverfité des jours, & des nuits artificielles par toute la Terre.

POur bien confiderer cecy, il faut fçavoir que le Soleil tous les jours naturels, fait un tour, étant emporté par le mouvement du premier Mobile, pendant qu'il parcourt en fon Ciel, environ l'efpace d'un degré, ce qui fait que ces tours, à caufe de l'obliquité de fon chemin, ne font pas des cercles entierement. Car il faudroit qu'il fût immobile, mais ils font comme des lignes fpirales, qui vont toûjours en croiffant ou en diminuant,

a Comme l'Eccentrique du Soleil eft oblique à l'égard de l'Equateur, il doit en des temps differents de l'année fe lever & fe coucher en differents points de l'Horizon, & avoir par confequent des differentes amplitudes Orientales & Occidentales dans tous les lieux de la Terre, excepté fous les les Poles du Monde, où le jour eft de fix mois, & la nuit d'autant.

felon qu'il s'approche ou qu'il s'éloigne de l'Equateur, & en fait environ depuis un tropique jufqu'en l'autre 182 lefquels Cercles ou paralleles du Soleil, car ainfi ils font nommez de quelques uns, font caufe de l'égalité ou de l'inégalité des jours & des nuits.

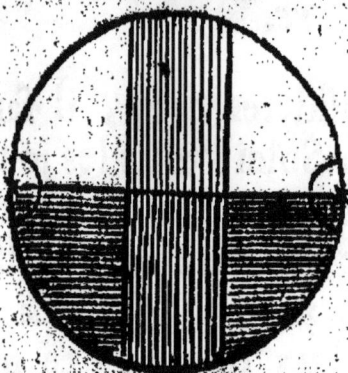

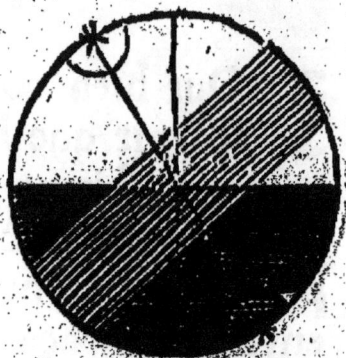

Car s'ils font coupez en parties égales par l'Horizon, les jours font égaux aux nuits : ce qui arrive feulement à ceux qui font fous l'Equateur, & qui ont la Sphere droite. S'ils font cou-

pez inégalement, les jours font iné-

gaux & ce d'autant plus que l'inégalité fera grande, comme l'experimentent
ceux qui ont la Sphere oblique. Et
s'il y a quelques unes de ces fpires ou
paralleles du Soleil qui foient tous entiers fur l'Horizon, autant qu'il y en
aura, tout autant de jours le Soleil
fera fans fe coucher, ainfi qu'ont é-
prouvé les Hollan-
dois en la Zone
froide. Enfin ceux
qui habiteront
fous le Pole, au-
ront un jour arti-
ficiel de 182. jours,
parce qu'il y a 182.
paralleles du Soleil au deffus de l'Horizon. La diverfité & l'inégalité des
nuits eft caufée par les mêmes revolutions du Soleil : car felon la partie qui
en fera cachée fous l'Horizon, les nuits
feront petites ou grandes. Et fi le
Soleil fait fous l'Horizon vingt ou
trente revolutions, la nuit artificielle
fera d'autant de jours naturels.

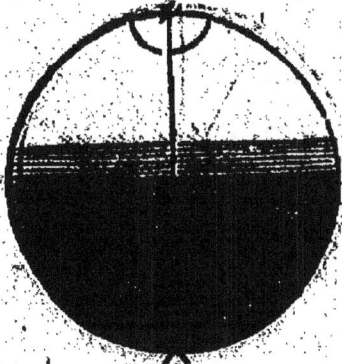

De l'Ombre de la Terre & de la nuit.

LA terre & les hommes seroient en perpetuelle obscurité, n'étoit le Soleil qui leur éclaire. On expérimente cette verité, parce que quand il est caché sous nôtre Horizon, la nuit & les tenebres nous environnent. Car la Terre étant un corps opaque, & n'étant pas possible que le Soleil, bien qu'il la surpasse de beaucoup en grandeur, puisse éclairer tout l'air qui est autour de la Terre, s'ensuit qu'il en laisse une petite partie obscurcie, que l'on appelle l'Ombre de la Terre, laquelle est toûjours directement opposée au Soleil, comme y ayant une contrarieté entre la lumiere & les tenebres. La figure de cette ombre est conique, & s'étend environ à 268. demy diametres de la Terre, & finit aux environs de la Sphere de Venus.

Du Crepuscule.

LE Crepuscule est une lumiere qui paroist sur nôtre Horizon, avant que le Soleil se leve, & aprés qu'il est caché : Ainsi dit de Creperus, qui signifie douteux, comme nous tenans en doute & suspens, s'il est jour ou nuit.

Le Crepuscule se fait donc au matin & au soir ; celuy qui se fait au matin, s'appelle l'Aurore ou point du jour & commence à paroître quand le Soleil est à 18. degrez prés de l'Horizon, & finit quand il se leve : & le Crepuscule qui se fait au soir, on l'appelle vêpre, ou l'entrechien & loup, & commençant au Soleil couché, finit quand il est abbaissé de 18. degrez au dessous de l'Horizon. *a*

a Il est évident que les Crepuscules les plus courts, c'est à dire de plus petite durée, se font dans la Sphere droite. Que ceux qui se font dans la Sphere oblique, sont plus grands, & d'autant plus grands que la Sphere sera plus oblique : de sorte que les plus grands de tous se font dans la Sphere parallele.

Des

Des Eclipſes.

LEs Phænomenes qui incitent le plus les hommes à l'admiration, ſont les Eclipſes du Soleil & de la Lune.

De l'Eclipſe du Soleil.

L'Eclipſe du Soleil eſt une privation des rayons du Soleil à l'égard de nous, par l'interpoſition de la Lune entre le Soleil & nôtre veüe.

    Où il faut noter premierement que la Lune étant un corps opaque, & ſe trouvant entre le Soleil & nous, nous prive de la lumiere du Soleil, ce qui ne ſe fait jamais qu'en la nouvelle Lune; ſçavoir quand le Soleil, la Lune & nous, ſommes en une même ligne droite. Secondement, que les Eclipſes du Soleil ſont particulieres, c'eſt à dire

R

que le Soleil en même temps n'eſt pas obſcurcy par tout. Troiſiémement, que le Soleil commence à s'éclipſer du coſté de l'Occident, & finit vers l'Orient, à cauſe que la Lune va plus viſte d'Occident en Orient, que le Soleil.

De *l'Eclipſe de la Lune.*

L'Eclipſe de la Lune eſt une privation de la lumiere du Soleil au corps de la Lune, par l'interpoſition diametrale de la Terre entre ces deux Planétes.

Où il faut noter premierement, que la Lune n'ayant point de lumiere que celle qu'elle reçoit du Soleil, ſi la Terre qui eſt un corps opaque ſe trouve entr'elle & le Soleil, elle la prive neceſſairement de ſa lumiere ordinaire. Ce qui ne ſe fait toutefois qu'en la pleine Lune, quand elle ſe rencontre ſous l'Ecliptique ou fort proche. Secondement, que les Eclipſes de Lune ſont toutes univerſelles, c'eſt à dire que tous ceux qui peuvent voir la Lune la voyent éclipſée. Troiſiémement, que la Lune commence à s'éclipſer du coſté du Levant, & finit vers le Couchant, parce que la Lune va plus viſte que ne fait l'ombre de la Terre, dans laquelle elle perd ſa lumiere, qui va ſeulement à raiſon du mouvement du Soleil.

Qu'il n'eſt pas neceſſaire que tous les mois il y ait Eclipſe.

C'Eſt bien une choſe aſſeurée, que ſi la Lune alloit toûjours ſous l'Ecliptique comme fait le Soleil, tous les mois il ſe feroit deux Eclipſes, l'une du Soleil, & l'autre de la Lune. Mais dautant que ces Phœnomenes cauſent de grandes mutations en la region Elementaire : pour cette cauſe Dieu a donné un cours à la Lune qui va ſeulement entrecoupant en deux endroits, celuy que fait le Soleil : D'où vient que tous les mois il n'y a pas d'Eclipſe, parce que ſouvent au temps de la conjonction ou de l'oppoſition, la Lu-

ne est éloignée du chemin solaire,
mais si par rencontre elle se trouve
sous l'Ecliptique en ces points d'intersection ou fort proche, alors il peut
arriver quelque Eclipse.

De la différence entre les Eclipses du Soleil & de la Lune.

1. LEs Eclipses de la Lune se font
quand la Lune est pleine , celle
du Soleil quand elle est nouvelle.

L'Eclipse du Soleil en la Passion de
Jesus-Christ , fut donc contre l'ordre
de la nature, car elle se fit en pleine
Lune.

2. *En l'Eclipse de la Lune, la terre*
oste la lumiere à la Lune : En celle du
Soleil , la Lune comme pour avoir sa
revanche , oste la lumiere à la terre.

Autrefois ceux d'Athenes brûloient
tous vifs ceux qui avoient cette crean-
ce & les nommoient Meteoroleschis.

3. *La Lune éclipse vrayement le So-*
leil en apparence.

Car en effet le Soleil ne laisse pas
de luire , encore que nous le voyons
obscurcy : mais la Lune n'ayant de soy
aucune lumiere manifeste, elle est dite

éclipſée quand le Soleil n'éclaire pas
ſur elle.

4. *La Lune eſt éclipſée de même*
quantité par tout , mais le Soleil l'eſt
en de certains endroits plus , en d'au-
tres moins, & en d'autres point.

Ce qui ſe peut facilement entendre
par la figure de l'Eclipſe du Soleil qui
eſt icy miſe.

5. *L'Eclipſe de la Lune ſe fait en*
même inſtant, celle du Soleil en divers
temps , & paroiſt premierement aux
Occidentaux , puis aux Orientaux.

La Lune allant plus viſte, ſelon ſon
cours naturel d'Occident en Orient,
que ne fait le Soleil , ceux qui ſont
plus Occidentaux voyent pluſtoſt l'E-
clipſe du Soleil que ceux qui ſont plus
vers l'Orient.

D'où vient que les Eclipſes de la
Lune ſont d'inégale durée , bien
que le Soleil ſoit en même dis-
tance de la Terre.

Voicy un Phœnomene qui met
un cours Eccentrique à la Lune,
pour lequel bien concevoir , il faut entendre premierement que la Lune perd

fa lumiere, quand elle entre dans l'ombre de la terre. Secondement que le Soleil étant plus grand que la terre, comme il a esté dit , il faut que son ombre finisse en cone (qui est une figure solide en forme de cornet) large vers la terre , & s'appointissant en son éloignement. Si donc la Lune au temps de l'Eclipse est proche de nous , elle passe au travers d'une ombre plus épaisse , & par consequent y demeure plus long-temps que quand elle est éloignée de la terre , & qu'elle traverse par l'extremité du cone. Voyez la Figure pour une plus facile intelligence.

De ce que dessus il est aisé à connoître, pourquoy il n'y a quelquefois qu'une petite partie de la Lune qui perd sa lumiere ; sçavoir, celle qui se trouve en passant dans l'obscurité de cette ombre. *a*

a Les Astronomes divisent le diametre de la Lune en douze parties égales, qu'ils appellent *Doits Ecliptiques* , pour déterminer la grandeur d'une Eclipse de Lune , en disant que la Lune a esté éclipsée, ou qu'elle sera éclipsée de 6. doits, de 8. doits, &c.

Les Astronomes divisent aussi l'Eclipse de Lune en trois especes; sçavoir en partiale, en totale sans demeure , & en totale avec demeure.

L'Eclipſe de Lune partiale, eſt quand la Lune n'eſt obſcurcie qu'en partie, ce qui arrive quand ſa latitude eſt au milieu de l'Eclipſe moindre que la ſomme des deux demy diametres de la Lune & de l'ombre de la Terre.

L'Eclipſe totale ſans demeure, eſt quand tout le corps de la Lune eſt obſcurcy ſans demeurer en l'ombre, ce qui arrive quand ſon demy diametre eſt preciſément égal à la ſomme de ſa latitude & du demy diametre de l'ombre de la Terre.

L'Eclipſe totale avec demeure, eſt quand toute la Lune eſt obſcurcie, & qu'elle demeure quelque temps en l'ombre, ce qui arrive quand ſon demy diametre eſt moindre que la ſomme de ſa latitude & du demy diametre de l'ombre de la Terre.

Il s'enſuit que la Terre eſt plus petite que le Soleil, & plus grande que la Lune, & que par conſéquent jamais la Lune ne peut cacher entierement le Soleil, que ſi elle nous le cache quelquefois tout entier, ce n'eſt ſeulement qu'à nous, & que pour un tres-petit eſpace de temps.

Des diverſes faces de la Lune.

LEs faces de la Lune, ſont les diverſes figures qui apparoiſſent tous les mois à la Lune.

Pour dire vray, le cours de la Lune & tant de diverſes formes qu'elle nous repreſente, ſont des ſpectacles de la

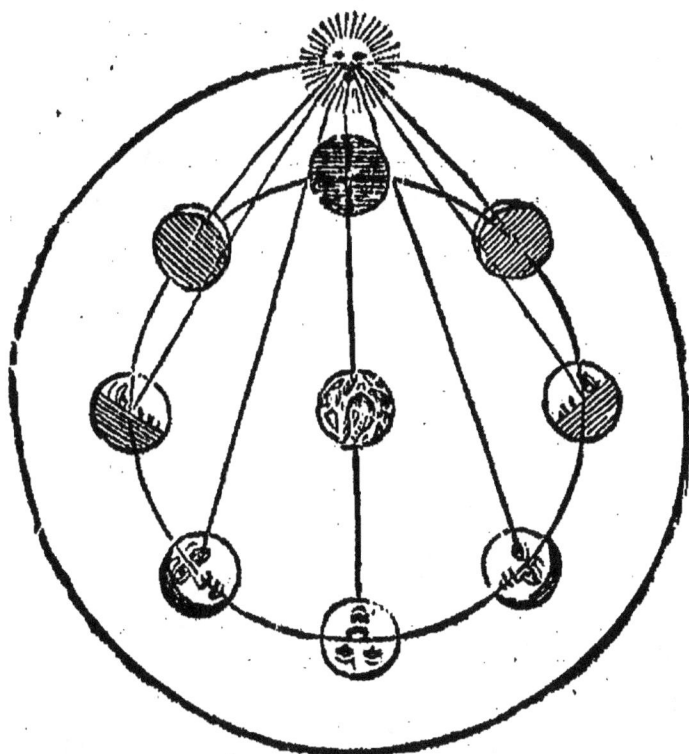

nature fi pleins d'admiration, que non
feulement Endymion (que les Poëtes
ont feint qu'il en eftoit amoureux)
mais tous les hommes la devroient
contempler; c'eft à dire, obferver fon
mouvement, tant à caufe des infignes
mutations qu'elle produit en l'air &
aux corps des hommes, qu'à caufe du
flux & du reflux des Mers, que cet
Aftre conduit, & des innondations qui
s'en enfuivent. On obfervera donc
premierement, que toûjours la moitié
de la Lune eft éclairée du Soleil; fça-

voir, celle qui luy eſt oppoſée, encore
que nous n'en voyons qu'une partie,
petite ou grande, ſelon qu'elle nous
repreſente ſa face obliquement ou à
plein. Secondement, que la Lune croiſt
& décroiſt : Elle croiſt quand elle paroiſt au ſoir, & a ſes cornes tournées
vers le Soleil levant : Et quand elle
décroiſt, elle paroiſt au matin, & a
ſes cornes tournées vers le Couchant.
Troiſiémement, quand la Lune ſuit le
Soleil, elle croiſt ; quand elle marche
devant, elle décroiſt. Enfin la pleine
Lune luit tout le long de la nuit, la
nouvelle luit au commencement de la
nuit, & la vieille luit pendant le
jour. *a*

a Les faces de Mercure & de Venus s'expliquent preſque de la même façon que
celles de la Lune. La difference qu'il y a
eſt que quand ces Planetes ſont pleines, le
Soleil eſt entr'elles & nous, au lieu que
quand la Lune eſt pleine, nous ſommes entr'elle & le Soleil.

D'où il ſuit que l'Hypotheſe de Ptolomée que l'Auteur ſuit dans ce Livre, eſt
abſolument fauſſe, puiſque Mercure & Venus ſe rencontrent quand elles ſont pleines
au deſſus du Soleil, ce qui fait qu'en regardant Venus avec des lunetes, elle nous paroît
plus petite étant pleine, que quand elle eſt

en son croissant parce qu'alors elle est plus
éloignée de nous.

Des Refractions.

C'Est un principe d'Optique, que
la veuë qui se fait par ligne droite, à la rencontre d'un milieu plus
dense, fait une refraction vers la perpendiculaire. Ce qui est manifeste par
cette experience. Mettez un vaisseau
contre terre qui soit vuide, dans lequel
aprés y avoir mis un double, ou autre chose notable, reculez petit à petit
jusqu'à ce que le bord du vaisseau C,

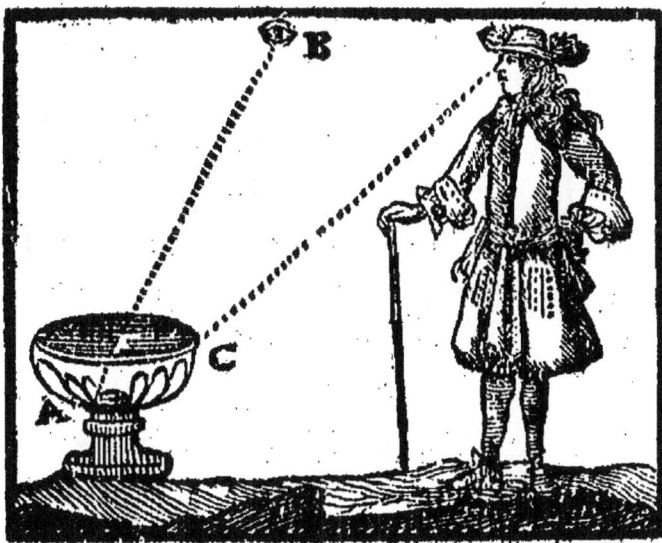

vous en empêche la veuë. Ce qui
estant fait sans partir du lieu où vous

éftes , commandez à quelqu'un qu'il emplifle le vaifleau d'eau claire, & alors vous verrez de rechef l'objet que vous ne pouviez plus voir. Ce qui arrive à caufe que les rayons de l'œil, qui vont droit jufqu'à l'eau, fe rabaiffent & fe rompent fur la furface de l'eau , comme eftant un milieu plus denfe, & plus épais que l'air. De même les vapeurs qui font fur terre, font fouvent fi groffes, que differant fenfiblement de l'air qui nous environne, quand on confidere les Aftres vers l'Horizon, font caufe que les rayons qui partent de nôtre veuë pour les voir, s'abbaiffent à leur rencontre : d'où s'enfuivent les apparences fuivantes. Ainfi ce double qui eftoit veu en fa place , l'œil eftant en B, lorfque le vafe eftoit vuide, fera véu en A, par le rayon de refraction A, C, qui va droit à l'œil qui a changé de place, lorfque le même vafe fera remply d'eau.

Premiere apparence.

LEs *Planetes* & *les Eftoilles paroiffent plus élevées fur l'Horizon que veritablement elles ne font.*

C'eft pourquoy pour avoir juftement
la hauteur du Soleil & des Eftoilles,
aprés les avoir obfervées avec un inftru-
ment, il en faut ofter la refraction qui
eft convenable à cette hauteur, car les
plus grandes font vers l'Horizon.

Seconde apparence.

LEs Planetes & les Eftoilles paroiffent fe lever pluftoft, & fe coucher
plus tard, qu'au vray elles ne font.

Car fi les rayons vifuels s'abbaiffent
vers la perpendiculaire, à la rencontre
des vapeurs & des nuages, on les peut
voir felon le principe d'Optique que
nous avons icy mis, avant qu'elles fe

levent, & aprés qu'elles font couchées.

Troifiéme apparence.

IL fe peut faire eclipfe , le Soleil &
la Lune paroiffant fur l'Horizon.
Pline dit l'avoir autrefois obfervé:
Et depuis peu l'an 1590. une eclipfe de
Lune parut à Tubinge, à ce qu'écrit
Meftlin, le Soleil & la Lune eftant fur
l'Horizon, le feptiéme Juillet. Ce qui
toutefois feroit impoffible, fi vrayement
les Planetes eftoient au lieu où ils
fe voyent. Mais les refractions font
caufe de ces Phœnomenes , qui peuvent
quelquefois eftre fi grandes , felon la
qualité des vapeurs qui font fur la terre,
qu'elles feront paroître le Soleil & la
Lune levez, encore qu'ils foient ab-
baiffez de quelques degrez au deffous
de noftre hemifphere. Pour preuve de
quoy eft l'experience des Hollandois,
qui affeurent qu'eftans en la nouvelle
Zemble, où le Pole eft élevé de 78.
degrez, aprés avoir fejourné quelques
mois en ces quartiers , pour attendre
la venuë du Soleil, l'apperçûrent enfin quatorze ou quinze jours avant qu'il
deût fe lever, comme eftant encore en-

viron cinq degrez au deſſous de l'Horizon.

Quatriéme apparence.

L E Soleil paroiſt en l'Horizon en
forme d'ovale.

Les refractions ſont encore cauſe de
cette apparence, parce que les vapeurs
eſtant plus étenduës vers la ſurface de
la terre, que vers la partie haute de
l'air, les rayons qui partent de l'œil
pour aller aux deux extremitez du Soleil, à droit & à gauche, font une
refraction, qui le fait paroître de ces
coſtez-là plus large, & par conſequent
luy donne cette figure ovale.

Cinquiéme apparence.

L A Lune paroît vers l'Horizon quelquefois de grandeur exceſſive.

Quand la Lune ſe leve & ſe couche,
s'il y a quelques vapeurs étenduës ſur
la terre de toutes parts, elle paroiſt
beaucoup plus grande qu'elle ne fait
au milieu du Ciel, à cauſe que tous
les rayons de l'œil, qui vont à ſa circonference, font une refraction aupa-

tavant que d'y arriver, grande ou petite, selon que les vapeurs sont rares
ou denses. Ou bien cela se fait, parce
que les vapeurs sont comme un miroir
dans lesquelles s'imprime l'image de
cet Astre, qui pour estre plus proche
de nous que n'est son corps, nous semble
plus grande, parce qu'elle est veuë sous
un plus grand angle.

Des Phænomenes extraordinaires.

SEulement en passant, nous expliquerons diverses opinions touchant
ces apparences, laissant à chacun la liberté de croire ce qu'il voudra, comme
étant encore une matiere indecise.

Des Cometes.

ARistote a crû, & aprés luy tous
ceux de sa secte, que les Cometes estoient un Meteore ignée, engen-
dré en la region de l'air, d'une matiere
seiche & grasse, attirée de la terre par
la chaleur du Soleil, en la superieure
region de l'air, laquelle estant là, s'al-
lume par le voisinage qu'elle a du feu.
Les Astronomes ne different gueres

d'avec Ariſtote , touchant la matiere :
mais pour le lieu ils ne ſont pas de ſon
avis. Car comme ils ont obſervé que
quelques Cometes eſtoient au deſſous
de la Lune, auſſi ils en ont trouvé pluſieurs autres qui ſont bien au deſſus
d'elle : & quelquefois tellement éloignez de la terre, qu'elles ſe ſont trouvées plus hautes que le Soleil. Ce
qu'ils aſſeurent principalement à cauſe
qu'il ne s'y eſt trouvé en la plus grande part aucun parallaxe ou diverſité
d'aſpect , même quand elles eſtoient
proches de l'Horizon, où il a accoûtumé d'eſtre plus manifeſte. *a*

a Les Cometes ne paroiſſent pas ſouvent,
& quand elles paroiſſent, elles ne paroiſſent
pas long-temps, & de plus leur mouvement
propre eſt fort irregulier : ce qui fait que
les Aſtronomes n'ont pas encore juſques
à preſent pû bien connoître ce mouvement, &
qu'ils n'ont point pû determiner de temps pre-
fix , ny un lieu certain, où ces Aſtres commencent à paroître. Les modernes ont remarqué ſeulement qu'elles eſtoient au deſſus
de Saturne.

Les Cometes paroiſſent les unes rondes &
les autres longues, & dans l'une & l'autre
on diſtingue deux parties, une qui eſt aſſez
éclatante & denſe, qu'on appelle ſa teſte, &
une autre qui eſt blanchâtre & fort rare,
laquelle

laquelle eſt toûjours oppoſée au Soleil, &
occupe ordinairement par ſon étenduë une
grande partie du Ciel. On la nomme la
queuë, la barbe, & la chevelure de la Co-
mete.

Des Eſtoilles nouvelles.

POur montrer qu'il ſe fait quelque
alteration aux Cieux, le Phœnomene plus évident ſont les Eſtoilles,
qui depuis un ſiecle en ça, ont eſté
veuës. L'an 1572. on vit une Eſtoille
en la conſtellation de Caſſiopée, qui
dura l'eſpace de 15. ou 16. mois, laquelle au commencement eſtoit ſi grande & ſi claire, qu'en éclat & en ſplen-
deur elle ſurpaſſoit la Planete de Venus,
& ſi élevée, qu'elle a toûjours eſté
eſtimée eſtre au deſſus de Saturne,
comme n'y ayant jamais eſté trouvé
aucun parallaxe. Elle ſurpaſſoit la ſolidité de la terre, quand on commença
à l'appercevoir de 360. fois, & diminuant peu à peu, enfin s'évañoüit. Il
y en a encore une de preſent au Cygne,
joignant celle qui eſt en ſa poitrine,
qui ne ſe montra qu'en l'année 1600.
laquelle eſt plus groſſe que toute la
terre d'onze fois. Et quelques quatre

S

ans aprés vers la fin d'Octobre, on en
vit encore une autre au Sagittaire, qui
ne cedoit en rien à la grandeur de celle
de Cassiopée, mais elle dura fort peu
de temps. Ceux qui ne peuvent pas
se persuader qu'il se fasse aucune mu-
tation en la region étherée, disent que
ces Estoilles sont de tout temps au Ciel,
mais qu'en s'abbaissant elles se font paroître, & en s'éloignant aprés se per-
dent de veuë. Raison qui n'a pas lieu
en celle de 1572. car elle commença à
se voir en sa plus grande beauté &
splendeur, ny en celle-la aussi, que
plusieurs de ce temps ont veu au Sagittaire. *a*

a. L'Estoille qui avoit commencé à paroître dans la poitrine du Cigne en l'année
1600. cessa de paroître en 1626. & 33. ans
aprés, sçavoir en 1659. elle recommença à
paroître au même lieu, où Kepler l'avoit
premierement observée. Mais, en 1660. elle
diminua si sensiblement pendant deux ans,
qu'elle disparut entierement, & elle a demeuré
ainsi pendant cinq ans sans paroître, aprés
quoy en 1667. elle a de nouueau commencé
à se montrer, mais beaucoup plus petite, &
a demeuré ainsi jusqu'à present.

On en a remarqué une au col de la Baleine, & une autre dans la ceinture d'Andromede, lesquelles ont paru & disparu de

même plusieurs fois. On comptoit autrefois
sept Pléïades & à présent on n'en compte plus
que six. Une Estoille dans la petite Ourse,
& une autre dans Andromede ont disparu.
En 1664. on en a découvert deux nouvelles
dans l'Eridan, & présentement on en remarque quatre vers le Pole, dont les Astronomes ne font point de mention.

Mr. Cassiny dit qu'il y a des Estoilles fixes, lesquelles à la simple veuë ne sont pas
differentes des autres, mais par la Lunette se
trouvent composées de deux Estoilles à peu
près égalles & éloignées l'une de l'autre d'un
de leurs diametres. Telle est la premiere
d'Aries, & celle qui est dans la teste du précedent des Gemeaux. Qu'il y en a d'autres, qui sont triples & quadruples, comme
quelques-unes des Pléïades, & la moyenne
de l'épée d'Orion.

Des Planettes & des Estoilles nou-
vellement découvertes.

TOus les siecles passez jusqu'à celuy d'à present, on n'a jamais observé que sept Estoilles errantes, qu'ils
ont nommez Planetes : mais avec l'aide
des lunettes Hollandoises, on en a bien
veu d'autres du depuis. Galilens a
observé le premier les quatre Satellites
de Jupiter, qui font leur circuit au
tous de cette Planete en treize ou qua-

torze jours qu'il a surnommées Estoilles
de Medicis. Aprés luy quelques Astronomes en ont observé encore deux autres és environs de Saturne. Et depuis
peu on a reconnu qu'il y a trente corps
opaques, qui ont des periodes circulaires au tour du Soleil si irreguliers,
qu'en l'espace de quinze jours qu'ils
mettent à le faire, ils changent de figure, de nombre & de grandeur. Entre
lesquels il y en a quelques uns de la
grosseur de la Lune, d'autres qui éga-
lent la terre : on les a appellez les Estoilles de Bourbon. Touchant le nombre
des Estoilles fixes, bien que la veuë
ordinaire n'en ait guere observé davantage que mille vingt-deux, neanmoins
on en observe maintenant un bien plus
grand nombre avec ce canal de persp-
pective. Car par exemple, au lieu que
l'on ne pouvoit discerner que 6. Pleïa-
des avec les yeux, par le moyen de
cet instrument, il s'en compte maintenant 27. Davantage, les Estoilles qu'autrefois on appelloit nebuleuses, ne sont
pas une seule Estoille, comme on a
toûjours cru : Mais une quantité de
petits feux, qui sont l'un prés de l'autre. Et enfin cette Galaxie qui paroist

à la veuë ordinaire , comme une bande blanchâtre , comprend une si grande multitude d'Etoilles, qu'il est impossible de les nombrer : Et il se peut faire que les premiers Peres ayent eu la veuë assez bonne pour les discerner. Et quand Dieu promit à Abraham de multiplier sa semence comme les Estoilles , il en pouvoit admirer le nombre en levant les yeux aux Ciel : mais que depuis une longue suite de siecles, les sens de l'homme se sont tellement diminuez avec la vieillesse du monde , que l'on ne pouvoit bien concevoir la verité de cette promesse , que par cette admirable invention de lunettes , qui depuis peu d'années a esté mise en usage. *a*

a Nous avons déja dit ailleurs qu'alentour de Saturne on a observé cinq Planetes, dont les periodes ont esté parfaitement bien reglez par Mr. Cassiny. Ce qui est tres-avantageux pour l'invention des longitudes des lieux de la terre , par l'observation frequente , seure & facile, que deux Astronomes situez en deux lieux differens de la terre, peuvent faire de l'heure & du moment auquel quelqu'une de ces Planetes a commencé à sortir de l'ombre de Saturne, pour sçavoir par là la difference des heures , & par consequent la difference des Meridiens & la longitude des deux mêmes lieux de la Terre.

Les Satellites de Jupiter peuvent servir pour la même fin. Ce qui a fait que le Roy de France a envoyé des Academiciens, & d'autres personnes exercées dans l'Astronomie en differens endroits de la terre, pour y faire des observations, & determiner exactement leurs longitudes, ce qui se peut faire d'autant plus facilement que ces Satellites font des Eclipses chaque jour, les revolutions les plus proches n'étant qu'environ un jour, comme vous verrez dans la Table de leurs Periodes, que vous trouverez dans le Systeme de Copernic, qui suivra immediatement celuy-cy, qui est de Ptolomée.

Des differents Systemes du Monde.

Comme les Astres & les Planetes nous paroissent chaque jour venir d'Orient en Occident, il faut necessairement pour rendre raison de cette apparence, supposer ou que la Terre étant immobile au centre de l'Univers, les Cieux tournent autour d'elle, & emportent avec eux les Astres que nous voyons se lever & se coucher : ou bien que la Terre tourne elle-même sur son aissieu d'Occident en Orient, ce qui nous fait croire que les Cieux tournent d'Orient en Occident. La premiere opinion est celle de Ptolomée, laquelle a esté assez amplement expliquée dans

le traité precedent, fans qu'il foit be-
foin d'en parler davantage. La feconde eft celle de Copernic, laquelle a
plus de vray-femblance, parce qu'elle
eft plus fimple & plus naturelle. C'eft
pourquoy nous en dirons icy quelque
chofe.

Du Syfteme de Copernic.

Copernic rebuté du grand nombre
de fuppofitions que fait Ptolomée
& de tant de Cercles & d'Epicycles.

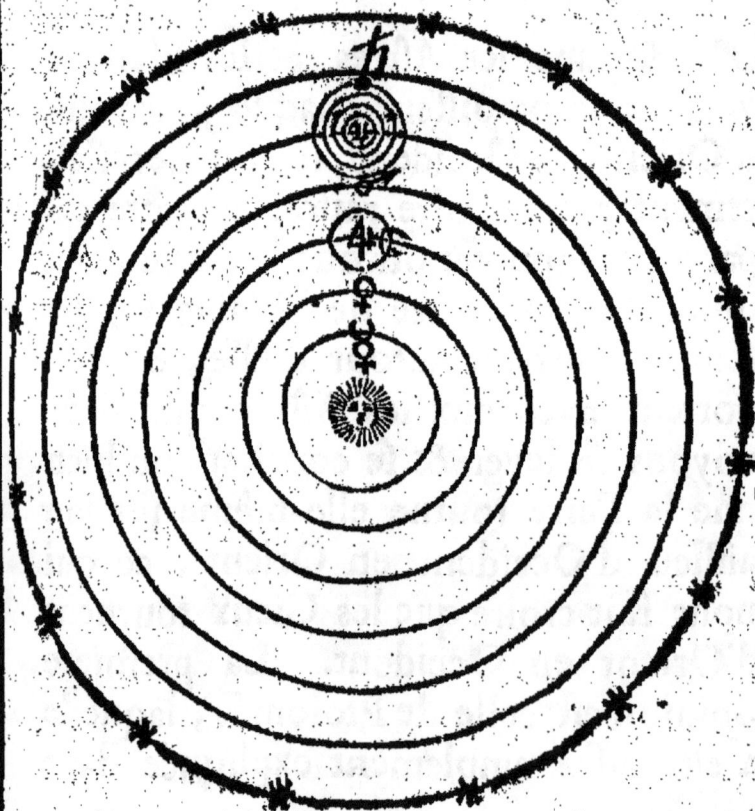

qu'il eſt obligé de feindre dans ſon Syſteme pour rendre raiſon des apparences
Celeſtes, a renouvellé depuis environ
200. ans une hypotheſe toute contraire
à celle de Ptolomée, ſçavoir en ſup-
poſant que le Soleil eſt au centre du
Monde, & que la Terre tournant en
24. heures alentour de ſon propre aiſ-
ſieu, décrit en une année un Cercle
autour du Soleil ; & par là il a expliqué les Phœnomenes avec bien moins
de ſuppoſitions que Ptolomée, & beaucoup mieux que ceux qui l'ont precedé, bien qu'il ne ſoit pas le premier
inventeur de ſon Syſteme, eſtant certain
que Pythagore, Archimede & pluſieurs
autres grands perſonages de l'antiquité,
ont crû que la Terre eſtoit mobile &
le Soleil immobile au centre du Monde ; mais ce Syſteme n'a pas toûjours
eſté expliqué & défendu de la même
maniere.

Toutes les Planetes, auſſi bien que
la Terre qui peut paſſer pour une Planete ſelon ce Syſteme, tournent non
ſeulement autour de leur centre, mais
auſſi autour du Soleil par des mouvemens differents qui leur ſont particu-
liers, excepté la Lune qui par ſon mouvement

vement particulier tourne autour de la Terre dans l'espace d'environ 27. jours & demy.

La Planete de Mercure , qui est la plus proche du Soleil , fait son cours autour du Soleil en trois mois, Venus en sept mois & demy, la Terre en un an , comme nous avons déja dit, Mars en deux ans, Jupiter en douze , & Saturne qui est le plus éloigné du Soleil, en trente.

Ce mouvement se fait par des cercles qui ne sont pas Concentriques au Soleil , & qui coupent l'Ecliptique en des points differens, excepté la Terre, dont le centre ne quitte jamais l'Ecliptique, & dont l'axe est incliné sur le plan de l'Ecliptique d'environ 23. degrez & demy. Ce qui fait que cet axe demeurant à peu prés incliné de la même façon, se meut avec la Terre toûjours parallelement à luy-même, & c'est ce qui a fait donner à ce second mouvement le nom de *parallelisme*, qui sert pour rendre raison de la vicissitude des Saisons , & de l'inégalité des jours , comme le premier qui se fait d'Occident en Orient dans l'espace de 24. heures , sert pour expliquer le mou-

T

vement journalier ou diurne, qui nous
paroist d'Orient en Occident.

Mais pour expliquer le mouvement
propre des Estoilles fixes ausquelles
Copernic ne donne aucun mouvement
& lesquelles il suppose éloignées de la
Terre autant que l'on voudra, sçavoir
autant qu'il sera necessaire pour répondre aux difficultez que l'on peut pro-
poser sur son Systeme, étant libre de
nous figurer la distance qui est entre la
Terre & les Estoilles, aussi grande qu'il
nous plaira, à cause qu'elles n'ont point
de parallaxe qui nous puisse déterminer
cette distance : l'Auteur donne à la Terre un troisiéme mouvement tres-lent,
par lequel son axe fait un cercle autour de luy-même, d'Orient en Occident en plusieurs milliers d'années.

Les quatre petits Cercles que l'on
void dans la figure décrits à l'entour
de Jupiter, representent les mouvemens
de ces 4. Satellites, que Galilée appelle
les Astres de Medicis, & qui avec Jupiter font une circonvolution entiere
autour du Soleil dans l'espace de douze
ans : mais chacun en son particulier fait
une circonvolution autour de Jupiter
en des temps differents, comme vous

verrez dans la Table ſuivante, qui eſt
de Monſieur Caſſiny, à qui on ſe doit
plus fier qu'à tout autre.

Bien qu'alentour de Saturne il n'y
ait que deux cercles pour deux Satellites, il en faut neanmoins imaginer
cinq pour autant de Satellites qui tournent alentour de Saturne en des temps
auſſi differents, comme vous voyez dans
la Table ſuivante, qui a eſté publiée
par Monſieur Caſſiny en l'année 1686.

Revolution des Satellites de Jupiter & de Saturne.

	J.	H.	M.
Le 1 Satellite de Jupiter en	1.	18.	29.
Le 1. Satellite de Saturne	1.	21.	19.
Le 2. Satellite de Saturne	2.	17.	43.
Le 2. Satellite de Jupiter	3.	13.	19.
Le 3. Satellite de Saturne	4.	12.	27.
Le 3. Satellite de Jupiter	7.	4.	0.
Le 4. Satellite de Saturne	15.	23.	15.
Le 4. Satellite de Jupiter	16.	18.	5.
Le 5. Satellite de Saturne	79.	22.	0.

Il eſt aiſé de concevoir que par ce
Syſteme on ne change pas l'ordre ny la

difposition des cercles que nous nous fommes imaginez fur la Terre dans le Syfteme de Ptolomée : car en fuppofant qu'en 24. heures la Terre fait une revolution entiere fur fon aiffieu, il eft de neceffité que tous les points de fa furface, excepté les deux extremitez de l'aiffieu, lefquelles font immobiles ; décrivent des Cercles paralleles entr'eux, qui font les mêmes que les Cercles diurnes ou de latitude terreftre, dont le plus grand eft l'Equateur terreftre qui répond à l'Equateur apparent du Ciel, parce que ces deux Cercles font fenfiblement dans un même plan, en quelque lieu que foit la Terre, pour la raifon que nous apporterons, aprés avoir dit que

Les deux extremitez de l'aiffieu de la Terre, lefquelles ne décrivent point de Cercles, font les deux Poles de la Terre qui répondent en ligne droite, avec l'aiffieu aux Poles apparens du Monde, lefquels nous paroiffent toûjours fenfiblement en des mêmes points, bien que la Terre change de place dans fon Eccentrique par fon mouvement de parallelifme, qui devroit faire changer l'élevation du Pole fur l'Horizon, s'il

n'étoit que ce Pole est dans une distance énorme de la Terre, & que le cercle que la Terre décrit en un an sous
l'Ecliptique, n'est qu'un point à l'égard
de cette distance qui se termine au Firmament où sont les Estoilles fixes, que
nous pouvons, comme il a déja été dit,
concevoir autant éloignées de la Terre
qu'il nous plaira, puisqu'aucune raison
ne nous peut obliger à la reconnoître
moindre.

D'où il suit que les cercles que l'on
fait passer par les Poles de la Terre, &
par les points de son Equateur, qui
sont les cercles de longitude, ou Meridiens terrestres, doivent répondre necessairement aux Meridiens Celestes,
puisque ces cercles passent aussi par les
Poles apparens du Monde, & par les
points de l'Equateur Celeste, & qu'ainsi ces cercles de longitude celeste &
terrestre sont toûjours dans des mêmes
plans. Il en est de même de tous les
autres cercles de la Sphere.

Bien que par cette hypothese on
conçoive le Soleil immobile au centre
de la Terre, neanmoins ses taches differentes qui y ont esté observées par plusieurs Astronomes, & principalement

par Monfieur Caffiny, ont fait croire à
ce grand homme, que le Soleil tourne
fur fon axe en 27. jours & un tiers à
l'égard de la Terre, & en 25. jours à
l'égard des Eftoilles fixes. L'axe de la
revolution eft felon le même Auteur,
incliné à l'Ecliptique de fept degrez &
demy, & demeure toûjours pointé aux
mêmes Eftoilles fixes. Le Pole Auftral
du Soleil fe rapporte au 8. degré de la
Vierge, & le Pole Boreal au 8. degré
des Poiffons.

Monfieur Caffiny dit que ces taches
fe meuvent du bord Oriental du Soleil vers l'Occidental d'un mouvement
lent, par lequel elles paffent d'un bord à
l'autre, environ en 13. jours. Que ce mouvement en apparence eft inégal, fçavoir plus vifte vers le centre, & plus
tard vers la circonference : de forte
qu'en quatre jours proche du centre
elles font autant de chemin, que dans
le refte de neuf ou dix jours proche
de la circonference. Qu'elles paroiffent
auffi ordinairement plus grandes & plus
rondes proche du centre, que proche
de la circonference, où elles fe voyent
toûjours longues & étroites. Enfin,
qu'on les voit fouvent retourner au

bord Oriental quatorze ou quinze jours
après qu'elles sont sorties du bord Occidental, & qu'on a sujet de supposer
que ce sont les mêmes qui ont fait le
tour du Globe du Soleil, parce que
cette supposition s'accorde aux appari-
tions observées.

Il ne faut pas croire pour cela que
les taches du Soleil soient perpetuelles,
mais elles se forment de nouveau, & se
dissipent après quelque temps. Monsieur Cassiny dit qu'on n'en a jamais
veu une qui ait duré plus longtemps
que celle qui parut le mois de Novembre & de Decembre de 1676. & le mois
de Janvier de 1677. qui dura, à ce qu'il
dit, plus de 70 jours.

Le même Auteur dit que leur figure
est irreguliere & changeante; & pour
preuve de cela il raconte qu'en l'année
1672. il en observa une qui se reduisit
à la figure d'un Scorpion, lequel en
peu de temps se divisa en plusieurs petites taches, comme si on luy avoit
coupé les bras & la queuë. Qu'elle
prit en suite la figure de divers carac-
teres Latins & Hebraïques, se trans-
formant visiblement d'une heure à autre. Qu'elle fut visible pendant 36. ou

37. jours, & qu'aprés elle se dissipa.

Du Systeme de Tycho-Brahé.

Tycho voyant qu'on ne devoit pas suivre le Systeme de Ptolomée dans la disposition des Planetes, & croyant qu'il estoit absurde de suivre l'Hypothese de Copernic dans le mouvement de la Terre, a introduit sur la

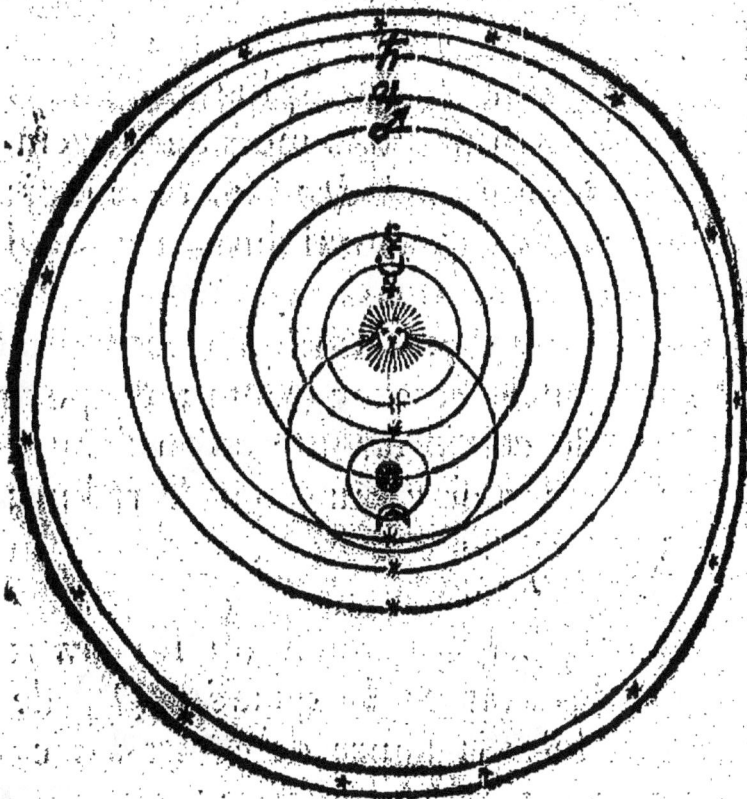

fin du siecle passé un troisiéme Systeme qui tient de l'un & de l'autre des deux

Systemes precedens, pour satisfaire ainsi à toutes les apparences des Astres. Il ne faut à celuy qui aura bien compris les Systemes de Prolomée & de Copernic, que regarder la figure precedente pour comprendre ce troisiéme Systeme, c'est pourquoy nous l'expliquerons icy en peu de mots.

Le Systeme de Tycho-brahé semble estre le Systeme renversé de Copernic, parce qu'il suppose comme Copernic, que Saturne, Jupiter, Mars, Venus & Mercure se meuvent autour du Soleil : & tout au contraire il veut comme Prolomée, que la Terre soit immobile au centre du Monde, autour de laquelle le Firmament & les Estoilles fixes font leurs cours, n'y ayant qu'elles avec le Soleil & la Lune, qui ayent la Terre pour centre de leur mouvement.

On voit par la figure, que Mars, Jupiter & Saturne se meuvent autour du Soleil : en telle sorte que la Terre se trouve enveloppée dans leurs cercles, ce qui n'arrive pas à l'égard de Venus & de Mercure, que Tycho fait passer entre la Terre & le Soleil, pour expliquer les differentes phases de ces deux Planetes, ce qui ne se peut pas faire par le Systeme de Ptolomée.

On voit aisément que cette opinion peut estre raisonnablement suivie, puis qu'elle n'a rien qui choque la Religion Chrestienne, étant tres conforme à l'Ecriture Sainte & au sens commun, & qu'elle satisfait assez bien aux Phœnomenes du Ciel, & principalement à ceux des stations & des retrogradations des Planetes sans aucuns Epicycles. En faisant voir de plus pourquoy Mercure & Venus paroissent s'éloigner si peu du Soleil, & Mars, Jupiter & Saturne, s'en éloigner en certain temps, de telle façon que la Terre se trouve entre deux & pourquoy ces Planetes passent alors tres-proches de la Terre.

Bien que le Systeme de Copernic semble contraire à la sainte Ecriture, on ne doit pas neanmoins le refuter, parce que soit qu'il soit veritable, ou non, on sçait bien que la sainte Ecriture s'accommodant à nôtre foiblesse s'explique souvent selon nos manieres de concevoir, & qu'ainsi l'Ecriture devoit plûtost dire pour marquer, par exemple, ce grand miracle de Josué, qu'il arrêta le Soleil, puis qu'effectivement il semble se mouvoir, que de dire

que la Terre s'arrêta par son comman-
dement, pour ne pas surprendre le peu-
ple ignorant, qui n'a jamais ouy parler du mouvement de la Terre, & qui
auroit de la peine à se le persuader.

S'il n'y a aucune raison qui nous
puisse dissuader de l'opinion de Copernic, il n'y en a aussi aucune qui nous
la puisse persuader, si ce n'est sa grande
simplicité, parce que sans employer ny
premier Mobile, ny Cristallins, ny aucuns Epicycles ; on explique tres-faci-
lement par ce Systeme, les stations, les
directions & les retrogradations des
Planetes, l'inégalité du mouvement du
Firmament, le changement de l'obliquité du Zodiaque, & generalement
toutes les apparences Celestes, jusques
là même que par ce Systeme on explique tres-simplement & tres-naturelle-
ment le flux & reflux de la Mer, la
nature de la pesanteur, & la vertu de
l'aymant, comme l'on peut voir dans
la Philosophie de Monsieur Descartes.

Nous avons déja dit que dans le
Systeme de Copernic, on est obligé
de supposer les Estoilles extrêmement
éloignées de la Terre, parce que l'on
ne trouve pas qu'elles varient de situa-

tion & de configuration apparente de l'Esté à l'Hyver , quoy que la Terre dans cette hypothese soit portée d'une extrêmité à l'autre du diametre de son Orbe. Mais pour sçavoir si ce diametre qui est double de la distance du Soleil à la Terre, est insensible à l'égard de la distance des fixes, nous rapporterons icy ce que Monsieur Cassiny dit sur ce sujet.

Par le moyen des grandes Lunetes arrêtées en quelque situation fixe aux endroits du Ciel par lequel passe des Estoilles fixes, qui sont plus propres à cette observation, on peut mieux verifier s'il y a quelque petite difference en des Saisons differentes de l'année.

A ce dessein dans la Fondation de l'Observatoire Royal , on a laissé une ouverture à toutes les voutes, par le moyen de laquelle on peut voir au fond des Caves les Estoilles verticales par des Lunetes fixes de 160. pieds de longueur, qu'on prepare à present que le Bâtiment de l'Observatoire est achevé.

Cependant les Astronomes Anglois ayant commencé à pratiquer une methode semblable, nous asseurent par un essay d'observation qu'ils ont fait avec une grande fubtilité, qu'ils y ont trouvé quelque difference, qui verifie que la proportion du diametre de l'Orbe annuel de la Terre à celuy des Eſtoilles fixes, n'eſt pas tout à fait infenfible. Ce qui pourtant n'eſt pas encore évident à nous, à cauſe des obſervations que nous avons faites de la variation de certaines fixes qui ne s'accordent pas à cette hypotheſe ; car la variation n'eſt pas vers l'endroit que l'hypotheſe demande. Ce qui étant bien verifié, quand on trouveroit en quelques fixes une variation conforme à l'hypotheſe, on pourroit encore douter ſi cela n'eſt pas arrivé par cette cauſe ou par une autre, veu qu'il eſt conſtant qu'il y a des variations dans les fixes, qui ne procedent pas de celle-cy.

Mais quand on auroit trouvé par un grand nombre d'obſervations, qu'un nombre ſuffiſant de fixes ont une variation conforme à l'hypotheſe, alors on pourroit juger qu'elle a quelque fondement, nonobſtant quelque irregularité qu'on obſerve en partie contraire.

L'obſervation eſt extrêmement difficile & longue, puiſque la periode de

la variation qu'on se propose d'exami-
ner est d'une année, & demande que
l'instrument soit inébranlable.   C'est
pourquoy elle ne se peut mieux faire
que dans l'Observatoire Royal.

TRAITÉ
DE LA SPHERE
DU MONDE.
LIVRE IV.

Du Globe Terrestre.

LE *Globe Terreſtre eſt un corps compoſé de deux Elemens inferieurs ; ſçavoir, la Terre & l'Eau.*

C'a eſté une erreur ancienne de croire que les Elemens étoient ſen raiſon decuple; c'eſt à dire, que la Terre n'étoit que la dixiéme partie de l'Eau, l'Eau la dixiéme partie de l'Air, & l'Air la dixiéme partie du feu. Au contraire, la ſuperficie de la Terre eſt preſque égale à la ſuperficie de l'Eau : Et la profondeur des Mers n'étant qu'à raifon des montagnes d'où elles font tirées, montrent affez qu'au contraire la quantité qu'il y a de terre excede de beaucoup la quantité des eaux. *a*

a Ainfi vous voyez que la terre ne fe prend pas icy pour un Element fimple, comme en Phifique, mais pour un Globe compofé de terre & d'eau, lefquels unis enfemble font un corps fpherique, que les Latins appellent *Orbis Terraqueus*, & les François *Globe Terreftre*, ou fimplement & communément *la Terre* par une dénomination tirée de la plus noble & plus grande partie.

En fuppofant que la Terre eft immobile au milieu du Monde, & qu'elle eft bien peu de chofe à l'égard du Ciel : ce n'eft pas fans raifon qu'on nous la reprefente comme une petite boule au milieu de l'Univers, immobile & autour de laquelle le Ciel roule inceffamment & regulierement. Ce n'eft pas auffi fans fondement que l'on s'imagine fur le Globe Terreftre autant de points, de lignes & de cercles, que nous en avons marqué dans le Celefte, y ayant fort peu à confiderer fur l'un que nous ne remarquions fur l'autre. Car fi on s'imagine des lignes tirées du centre de la Terre par tous les points du Ciel, elles couperont en la même proportion la furface de la Terre, où tous les cercles s'y trouveront reduits en petit volume, fans que leur proportion en foit changée. Ainfi on y reprefente les deux Poles du Monde &

l'Equateur

l'Equateur avec les paralleles & les Meridiens, &c. comme il fera dit plus en particulier, aprés avoir parlé de la grandeur de la Terre.

De la mefure du Globe Terreftre.

IL fera plaifant & utile de mefurer la grandeur de ce centre, afin que plus on s'étonne de l'admirable ftruc- ture de l'Univers, & de la vafte éten- duë des Cieux, la methode de ce faire eft telle. Quelqu'un ayant trouvé quelle eft la latitude du lieu où il eft, ou l'é- levation du Pole, s'en va directement vers le Midy ou vers le Septentrion, jufqu'à ce qu'il apperçoive, aprés avoir fait quelque notable chemin, que le Pole foit hauffé ou abbaiffé d'un degré.

Ce qui eftant arrivé, s'il me- fure l'efpace de ce chemin qu'il aura fait, il trouvera 30. lieuës Françoi- fes, qui feront la 360. partie du circuit de la Terre. En multipliant donc 360. par 30. il trouvera que le tour de la Terre

V

contient 10800. lieuës. Ce qui eſtant
connu, il ſera aiſé de trouver le diametre ou épaiſſeur de la Terre, par la
regle d'Archimede, en diſant ſi 22. de
circonference donnent 7. de diametre,
que donnera le contour de la Terre qui
contient 10800. lieuës ? Le quatriéme
proportionnel donnera 3436. lieuës &
quatre onziémes pour l'épaiſſeur requiſe. La moitié duquel nombre; ſçavoir
1718. & quatre vingt-deuxiémes montrera combien il y a depuis la ſurface
juſqu'au centre. Et ſi la curioſité porte
quelqu'un à ſçavoir quelle eſt l'étenduë de la ſurface de la Terre, & des
eaux qui ne conſtituënt qu'un Globe;
il faudra multiplier le tout, qui eſt
10800. par le diametre 3436. (rejetant
la fraction comme de peu de conſequence) le produit donnera ce nombre
37108800. Et autant de lieuës quarées
contient la convexité de la Terre. Et
enfin, ſi l'on deſire ſçavoir la ſolidité,
il faudra multiplier la troiſiéme partie
de la convexité, ſçavoir 12369600. par
le demy diametre 1718. le produit donnera 21250972800. & autant de lieuës
cubiques ſera toute la ſolidité, qui n'eſt
toutefois qu'un point à l'égard des

Cieux. Les Anciens qui avoient de coûtume de mesurer les grandes distances sur la terre par stades, ont aussi trouvé son contour par la même mesure: Et ils disent que le contour de la Terre (si on croit Theodose, Macrobe & Eratosthene) contient 252000. stades, donnant 700. stades à chaque degré que l'on fait de variation au Ciel. En quoy ils different quelque peu du calcul du renommé Geometre Dionysiodorus, qui en donne 733. Dans le sepulchre duquel on trouva une lettre qu'il écrivoit à ceux de ce Monde icy, par laquelle il les avertissoit qu'il étoit descendu de son sepulchre jusqu'au centre de la Terre, & qu'il avoit mesuré que l'espace contenoit 42000. stades; ainsi le diametre de la Terre, selon son dire, étoit de 84000. & le contour de 264000. qui étant divisé par 360. donne environ 733. stades pour un degré de variation. *a*

a Il a esté démontré ailleurs que la Terre n'est qu'un point à l'égard du Ciel: mais si on la considere par rapport avec le Ciel de la Lune, & qu'on la regarde de ce lieu-là, elle paroîtra bien plus grande que la Lune, puisque nous avons reconnu ailleurs que la

Terre eſt effectivement plus groſſe que la
Lune. La Terre à l'égard de nous eſt encore bien plus grande, & les Mathematiciens ont apporté tous leurs ſoins pour en
connoître la grandeur avec le plus de juſteſſe
qu'il leur a eſté poſſible, parce que de cette
grandeur dépend entierement l'Aſtronomie,
qui ſuppoſe le diametre de la Terre connu,
lequel a eſté trouvé par Monſieur Picard de
6558594. toiſes, à raiſon de 57060. toiſes
pour la valeur d'un degré d'un grand cercle
de la Terre, ce qui ſuffit pour connoître
le reſte.

Des Cercles du Globe Terreſtre.

LEs Cercles du Globe terreſtre, ſont
des Cercles qui ſont directement
au deſſous de ceux du dixiéme Ciel.
Les Geographes, à l'imitation des
Aſtronomes, ont diviſé la ſurface de
leurs Globes par certains cercles, pour
pouvoir diſtinguer plus aiſément les
Regions de la Terre : & les ont diſpo-
ſez de telle ſorte, que les Céleſtes ſont
directement au deſſus des Terreſtres.
Ainſi voyez-vous en nôtre Sphere, que
toûjours l'Equateur Celeſte eſt au deſſus de celuy de la Terre, & les deux
Tropiques Celeſtes au deſſus des Terreſtres; ainſi de tous les autres : pareil-

lement les Poles de la Terre droit au deſſous des Poles du Monde.

De l'Equateur.

L'Equateur Terreſtre eſt un grand cercle également diſtant des Poles de la Terre.

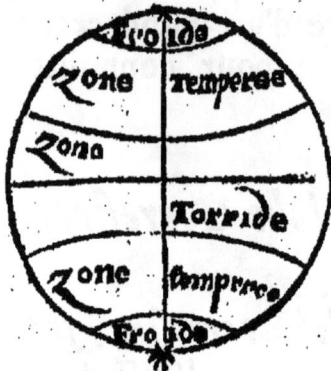

Quand les Mari-
niers ont paſſé ce
cercle, ils croyent
que toutes méchan-
cetez leur ſont per-
miſes, ils l'appellent
la Ligne équinoxia-
le, & abſolument
la Ligne. *a*

a L'Equateur nous fait connoître, que tous ceux qui ſont deſſus, ont deux fois l'année le Soleil à leur Zenith, ſçavoir au temps des Equinoxes, & qu'ils ont en tout temps les jours égaux aux nuits, & conſé-quemment chacun de 12. heures. Il nous fait auſſi connoître les Païs de la Terre, qui n'ont aucune latitude, puiſque la latitude ſe compte depuis l'Equateur vers l'un & l'autre Pole, comme il a eſté dit ailleurs.

Du Meridien.

LE Meridien terrestre d'un lieu est un grand cercle qui passe par les Poles de la Terre, & par dessus le lieu.

En general tous les cercles qui passent par les Poles de la Terre, sont dits Meridiens terrestres, & les Geographes en imaginent tant qu'il leur plaist, dautant que chaque lieu a son Meridien. Toutefois de peur de confusion ils les éloignent de dix degrez en dix degrez ordinairement sur leurs Cartes & Globes ; & pour y conserver quelque ordre, ils constituënt pour le premier celuy qui passe par les Isles Fortunées, & de là vont en comptant vers l'Orient, jusqu'à ce qu'ils arrivent à leur premier Meridien. Où on observera que leurs Meridiens ne sont pris que pour demy cercles, qui se finissent aux Poles de la Terre. *a*

a Le premier Meridien a esté estably par les Anciens dans les Isles Fortunées, que quelques-uns prennent pour les Canaries, parce qu'ils ne connoissoient point de Terres plus Occidentales. Car leur intention a esté de déterminer les Longitudes des lieux de la Terre depuis l'Occident vers l'Orient, pour imiter en cela la Longitude des Estoilles & des Planetes, que l'on compte aussi d'Occident en Orient.

Le Roy de France a determiné le premier Meridien à l'Isle de Fer, par un Arrest du Conseil, donné en l'année 1634. Par les Meridiens on connoist que ceux qui sont sous le même Meridien, ou qui ont une même longitude, ont toûjours une même heure, & que par consequent l'un n'est pas plus Oriental que l'autre.

De l'Ecliptique.

L'Ecliptique terrestre est un grand cercle décrit sur le Globe, tant pour l'ornement, que pour sçavoir sous quel Signe Celeste est chaque Region, qui est comprise entre les Tropiques.

Nous ne faisons point mention icy de l'Horizon, ny des Colures, parce qu'ils ne sont point décrits sur le Globe terrestre. *a*

a Le Zodiaque aussi bien que l'Equateur, divise la Terre en deux parties égales, dont l'une est Septentrionale, & l'autre Meridionale, avec cette difference pourtant, que l'Equateur divise directement la Terre entre les Poles du Monde, & que le Zodiaque la partage de biais entre les mêmes Poles.

Des Cercles paralleles.

Les Cercles paralleles principaux, sont quatre petits Cercles, les deux Tropiques, & les deux Polaires.

Les Geographes, outre ces quatre petits, en décrivent d'autres sur leurs Globes de dix degrez en dix degrez, qui vont toûjours en s'appetissant vers les Poles de la Terre avec liberté toutefois d'en décrire tant qu'il plaira à un chacun. Le premier des cercles paralleles, est l'Equateur duquel ils commencent à se compter, tant du côté d'un Pole, que de l'autre. *a*

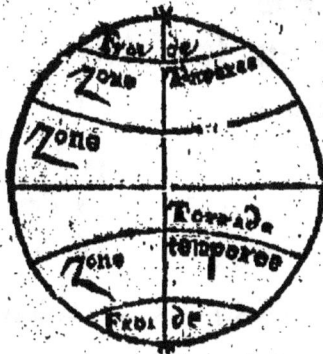

a Ces Cercles paralleles se tracent sur le Globe terrestre de dix en dix degrez seulement comme les Meridiens, pour éviter la confusion qui se rencontreroit s'ils estoient marquez de degré en degré. Ils servent pour connoître la latitude d'un lieu de la Terre, & c'est pour cela qu'on les nomme aussi cercles de latitude.

Des Tropiques terrestres.

LEs Tropiques terrestres, sont deux Cercles paralleles directement mis au dessous des Celestes, ausquels quand le Soleil est, il fait le plus long ou le plus petit jour de l'année. Le plus long au Tropique de l'Ecrevisse, le plus petit au Tropique du Capricorne.

Ces Cercles sont en semblables distances entr'eux, que ceux qui sont au premier Mobile, ce qui fait que si la Sphere est bien faite, bien que l'on la tourne, la Terre demeure toutefois immobile, & ces Cercles droit au dessous des autres. *a*

Des Cercles Polaires.

LEs Cercles Polaires sont deux cercles paralleles, directement mis au dessous

a Les Cercles Tropiques sont representez dans les Cartes par une ligne double, pour les distinguer d'avec les Cercles de Latitude. Ils servent pour representer tous les lieux de la Terre, qui peuvent avoir une fois pour le moins le Soleil perpendiculaire, & pour déterminer la largeur de la Zone torride.

X

de ceux qui font au Ciel , qui paſſent
par les Poles du Zodiaque.

Cela ſe voit aiſément en nôtre Sphere. Soit la Sphere élevée par le Meridien , juſqu'à ce que la circonference
du Cercle Polaire ſoit ſous le Zenith ,
alors vous verrez au petit Globe terreſtre, le Polaire directement au deſſous:
en ſorte que ſi quelqu'un eſt ſur le cercle Polaire terreſtre, il a au deſſus de
ſa teſte le Polaire celeſte. Ils ſont deux,
le Polaire Arctique & Antarctique , comme au Ciel. *a*

a Ces deux Cercles ſont auſſi repreſen-
tez dans les Cartes par une double ligne ,
pour les diſtinguer plus facilement de autres
paralleles. Ils ſervent pour repreſenter tous
les lieux de la Terre, où le jour n'eſt jamais
moindre que de 24. heures , & pour determiner la largeur de chaque Zone froide, entre leſquelles & la Zone torride , ſont les
deux temperées , où les jours ſont toûjours
moindres que de 24. heures.

Nous ajoûtons aux Globes un Cercle Polaire immobile diviſé en 24. heures, avec
une aiguille au Pole, laquelle roule quand la
Sphere tourne ; ce Cercle tient la place des
Cercles horaires immobiles, faiſant voir qu'à
chaque heure 15. degrez de l'Equateur & de
ſes paralleles montent ſur l'Horizon , & deſ-
cendent au deſſous.

Des Zones.

Zone est un espace du Globe terrestre, enclos entre deux petits Cercles, ou entre un petit Cercle & le Pole de la Terre.

Les quatre petits Cercles paralleles, sçavoir, les deux Tropiques & les deux Polaires, que les Geographes representent sur leurs Globes terrestres par des lignes doubles, divisent la surface de la Terre en cinq espaces, qu'ils appellent Zones, qui vaut autant à dire que ceintures, parce que comme ceintures elles entourent la Terre. Parmenides a esté le premier qui a divisé la surface de la Terre en Zones. Il y en a toutefois qui veulent que les Zones soient prises au Ciel & non à la Terre. Mais il n'importe pas en quel lieu on les prenne, dautant que la convexité de la terre estant concentrique à la concavité du Ciel, leurs surfaces sont en semblable situation. En sorte que les parties du Ciel répondent exactement aux parties de la terre, même les cercles aux cercles, & les points aux points.

Du nombre des Zones.

LEs Zones sont au nombre de cinq; une torride, deux temperées, & deux froides.

Polibe toutefois en a mis six; deux torrides, deux temperées, & deux froides.

De la Zone torride,

LA Zone torride est un espace du Globe terrestre, enclos entre les deux Tropiques terrestres, qui contient 1410. lieuës Françoises de largeur.

C'a esté une erreur du temps passé, de croire que la Zone torride estoit inhabitable, à cause de l'extrême chaleur que l'on imaginoit y estre. Ce que Pline a entendu, quand il a dit qu'il n'y avoit des hommes au Zodiaque, prenant pour Zodiaque l'espace de la terre, qui est compris entre les Tropiques terrestres : ce mot torride qui signifie rotie, les sollicitoit à cette croyance. Mais l'experience témoigne le contraire. Car en Quito & en la Plaine du

Peru, la Zone torride est temperée, même il y a des regions dans cette Zone, où pendant que le Soleil est vertical, il fait extrêmement froid. Ce qu'Acosta attribuë autrefois aux terres hautes. Aussi se chauffe-t'on sous l'Equinoxial, le Soleil estant au Belier: Il est bien vray qu'elle est extrêmement chaude en Ethiopie, au Bresil & aux Molucques. Geminus n'a pas ignoré que cette contrée estoit abondante en toutes choses : Ce qu'il avoit appris par la Relation de ceux que le Roy d'Alexandrie y avoit envoyez : comme aussi Polybe l'Historien, qui a fait particulierement un Livre de ceux qui habitent sous l'Equateur. Et quelques Theologiens ont crû, que le Paradis de volupté estoit en ces lieux-là : Et Lira dit, que le Cherubin qui tenoit le glaive flamboyant, n'estoit autre chose que les chaleurs excessives qui se trouvent sous les Tropiques. Car en effet, s'il y a lieu au monde incommodé de la chaleur, c'est à l'entrée de cette Zone, & non sous l'Equateur, comme il sera dit cy-aprés. a

a Cette Zone est appellée torride, parce qu'étant directement sous le lieu, par où le

Soleil paſſe en faiſant ſon cours, elle eſt
battuë à plomb des rayons du Soleil, qui y
produit une chaleur ſi exceſſive par ſa pre-
ſence continuelle, que les Anciens l'avoient
cruë inhabitable : Mais la connoiſſance que
nous en ont donné les grands voyages & les
navigations ordinaires aprés la découverte
des Indes Orientales & Occidentales, nous
ont empêché de tomber dans l'erreur des
Anciens, & nous ont prouvé que ces lieux
là eſtoient fort peuplez, & que la chaleur
y eſtoit fort temperée en divers endroits, à
cauſe des vents, des pluyes, des montagnes,
de l'égalité des jours, où les longues nuits
ont le temps de rafraîchir l'air par les grandes roſées que le Soleil attire puiſſamment,
& par l'abſence du Soleil. On ne peut plus
douter par exemple, de la fertilité du Perou,
de la belle & grande Iſle de Sumatra, & de
pluſieurs autres lieux de la même Zone,
dont nous avons de fideles Relations.

Des Zones temperées.

LEs deux Zones temperées ſont les
eſpaces du Globe terreſtre, enclos
entre les Tropiques & les Polaires terreſtres, qui contiennent chacun 1290.
lieuës Françoiſes de largeur.

Il y a donc deux Zones temperées,
l'une qui eſt compriſe entre le Tropique
de l'Ecreviſſe & le Cercle Arctique, qui
eſt celle que nous habitons, que l'on

appelle temperée Septentrionale : l'autre qui est comprise entre le Tropique du Capricorne & le Cercle Antarctique, qui est dite temperée Meridionale. Ces Zones sont ainsi nommées, à cause que la chaleur du Soleil y est moderée, tant pour ceux qui y habitent, que pour toutes les autres choses qui y croissent. *a*

Des Zones froides.

LEs deux Zones froides sont les espaces du Globe terrestre, enclos entre les Polaires & les Poles Terrestres, qui contiennent en largeur 705. lienës Françoises.

a Comme les Zones temperées sont plus favorablement regardées du Soleil, & que sa chaleur y est temperée, elles sont beaucoup plus fertiles & plus agreables, & ainsi mieux peuplées, & plus abondantes en toutes choses que toutes les autres. Neanmoins leurs extremitez participent beaucoup de l'excez du froid & du chaud, & il n'y a que le milieu, comme l'endroit de la France qui soit tout à fait temperé, les autres parties estant trop froides ou trop chaudes, à proportion qu'elles s'approchent des extremitez des autres Zones.

X iiij

On ne peut pas parler si pertinemment des Zones froides comme des autres, dautant que l'on n'est entré encore qu'au commencement de celle qui est au Septentrion ; par laquelle entrée on peut connoître toutefois que c'est un lieu tres-mal propre pour la demeure, à cause des glaces, des froids excessifs & des nuits de plusieurs mois, en quelque saison de l'année. On croit que les Anciens en avoient eu quelque connoissance, parce que Pytheas Massiliote, en son Livre de l'Ocean, dit que les Barbares luy montroient les lieux où la nuit estoit fort courte, comme de deux ou trois heures ; d'autres ausquelles le Soleil estant couché en Esté, un instant aprés il se levoit. Ce qui n'est pas neanmoins un indice certain, qu'il soit entré en la Zone froide, mais bien qu'il en a approché, comme en l'Isle Thyle ou Island, où quelques-uns disent qu'il sejourna quelque temps ; auquel lieu, dautant que le Tropique d'Esté est tout entier sur la terre, ces Phœnomenes de la longueur des jours & des nuits, s'y peuvent observer. *a*

a Les anciens Geographes & les anciens

Historiens ont crû pareillement ces Zones inhabitées & inhabitables, pour estre privées de la chaleur du Soleil, qui ne les regarde que de travers, & si obliquement qu'ils avoient peine à croire, qu'il leur pût envoyer sa chaleur vivifiante, tant pour les faire vivre, que pour rendre fertile leur terre. Neanmoins les dernieres navigations, & les fideles relations nous asseurent par experience, que la Providence divine n'a laissé aucune partie du Monde tout à fait sterile & inhabitable. Il ne faut que voir une partie de la Norvegue, de la Suede & de la Moscovie, où l'on va tous les jours, qui sont au delà des Cercles Polaires, & neanmoins elles sont habitées par des peuples qui se nomment les Lapons : l'Islande & la Groenlande, même la nouvelle Zemble qui s'étendent jusques sous le Pole Arctique, se sont trouvées peuplées d'hommes & d'animaux.

Des proprietez des Zones.

C'Est une consideration plaisante, de sçavoir quel est le temperamment de l'air, les commoditez ou les incommoditez des lieux, les Phœnomenes qui arrivent par toute la terre, selon le cours du Ciel, sans y aller voir. Ce qui se pourra toutefois connoître par le discours qui suit.

Des proprietez & des accidens qui arrivent à ceux qui habitent en la Zone torride sous l'Equateur.

Ceux qui habitent sous l'Equateur ont la Sphere droite, car l'un & l'autre Pole du Monde sont en l'Horison: d'où s'ensuivent ces apparences.

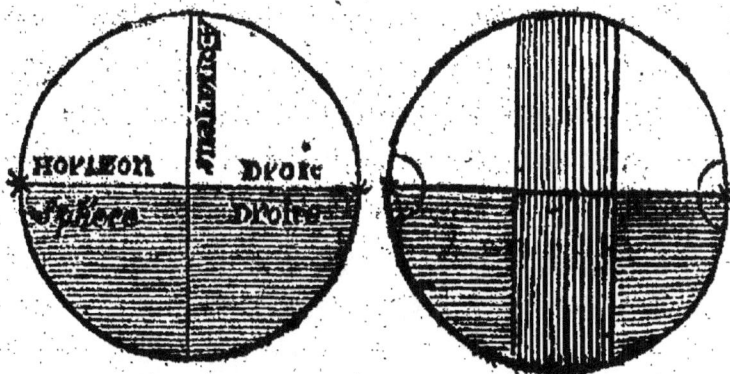

1. En cette demeure, toutes les Etoilles du Ciel se levent & se couchent, & ainsi il est tres-facile de les y observer.

2. Toutes les Etoilles qui se levent en même instant, arrivent aussi en même instant sous le Meridien, & en même instant se couchent.

3. Ils ont un perpetuel equinoxe; c'est à dire, les jours leur sont toûjours

égaux aux nuits, parce que l'Horifon coupe tous les paralleles, ou tours que fait le Soleil en parties égales.

4. Le Soleil leur eſt deux fois l'an vertical; ſçavoir au commencement du Belier, & de la Balance.

5. Ils ont deux Solſtices également diſtans de leur Zenith, ſçavoir, de 23. degrez & demy.

6. Ce qui fait que ſi la proximité ou l'éloignement du Soleil, eſt cauſe par tout le monde de la varieté des Saiſons de l'année : ils ont deux Eſtez quand le Soleil approché de l'Equinoxial : & deux Hyvers, quand il s'abbaiſſe vers les Tropiques.

7. En cette contrée, les heures égales & inégales, font toûjours ſemblables; ce qui n'arrive aux autres lieux, que deux fois l'an; ſçavoir aux Equinoxes.

8. Ils ont cinq ombres toutes differentes : Orientale, quand le Soleil ſe couche : Occidentale, quand il ſe leve: Septentrionale, quand il eſt aux Signes Auſtraux : Meridionale, quand il eſt aux Septentrionaux : & une ombre perpendiculaire à Midy, quand il eſt en l'Equateur deux fois l'an.

9. Touchant la qualité de l'air, il y est fort temperé, pour plusieurs raisons. La premiere, à cause que le Soleil est autant de temps sous terre que sur terre : d'où vient que l'air estant refroidy par la nuit l'espace de 12. heures, il ne cede pas si tost à la chaleur du Soleil. Puis il y a plusieurs exhalaisons qui sortent de terre au lever & au coucher du Soleil, qui se resoudent en pluye, quand il est élevé, ou pour le moins rendent le Ciel plein de nuées. Davantage la plûpart des rayons du Soleil tombent sur les eaux, qui font une reverberation fort foible à cause de leur mouvement inconstant. A quoy si on y ajoûte les vents continuels qui viennent d'Orient, que les Mariniers appellent brises, on ne doit pas s'étonner si toutes ces causes courantes, l'air n'y est pas si chaud comme on a crû. Mais outre tout cela, il faut considerer encore que le Soleil allant plus vîte au milieu du Monde, n'échauffe pas tant que quand il va plus lentement, comme sous les Tropiques. Et que s'il leur est vertical deux fois l'an, dés le lendemain aussi fait-il une grande declinaison, s'éloignant de vingt-qua-

re minutes de leur Zenith. *a*

Des proprietez & des accidens qui arrivent à ceux qui habitent en la Zone torride, entre l'Equateur & les Tropiques.

CEux qui habitent entre l'Equateur
& les Tropiques, ont la Sphere oblique. Car un des Poles leur est élevé, l'autre abbaissé: d'où s'ensuivent ces apparences.

1. En cette position de la Sphere, il y a des Etoilles, qui ne se couchent jamais, & d'autres qui ne se levent point.

2. Icy commence à paroître l'inégalité des jours & des nuits, à cause que

a Les Crepuscules sont autant courts, qu'ils peuvent estre au milieu de la Zone torride, parce que le Soleil y descend perpendiculairement sous l'Horison, & qu'ainsi il arrive bien-tost au 18. degré, ou Almucantarath, où se fait la fin du Crepuscule du soir, & le commencement du Crepuscule du matin, les tours ou paralleles du Soleil, font coupez par l'Horizon en parties inégales.

3. Le Soleil deux fois l'an leur est vertical, comme fous l'Equateur, mais non pas aux mêmes degrez du Zodiaque.

4. Ils ont auffi deux Solftices, l'un haut, l'autre bas, inégalement diftans de leur Zenith.

5. Ce qui fait que fi la proximité ou éloignement du Soleil, caufe par tout le monde les diverfes Saifons de l'an. Ils ont deux Eftez, quand le Soleil approche de leur tefte : & deux Hyvers, quand il defcend vers les Tropiques. Toutefois, dautant qu'il y en a un, qui eft moins éloigné que l'autre, il eft manifefte que les Hyvers feront de diverstemperamens. Et fi le lieu eft bien prés d'un Tropique, il n'y aura aucun Hyver, quand le Soleil s'en approchera.

6. Ils ont cinq ombres, comme fous l'Equateur : Orientale, Occidentale,

Meridionale, Septentrionale, & une perpendiculaire à Midy, deux fois l'an.

7. Il y a icy une chose digne de remarque, qui est que quand le Soleil est plus éloigné de l'Equateur, que n'est le point vertical ou Zenith : les ombres des arbres, des maisons, & des autres corps, s'avancent & reculent, devant & aprés Midy, sans miracle toutefois, à cause que le cours du Soleil coupe alors un même Azimuth en deux endroits, devant & aprés Midy. On pourroit faire la même observation icy, mais sur un plan incliné ; car sur un qui seroit parallele à l'Horizon, cela n'arrivera jamais.

8. Touchant la temperature de l'air, c'est une chose manifeste, que les raisons alleguées cy-devant, pour prouver que l'air est temperé sous l'Equateur, ne peuvent avoir tant de lieu icy : & ainsi il est necessaire qu'en Esté les chaleurs y soient incommodes, & plus grandes : Et que semblablement l'Hyver soit plus froid, quand le Soleil est au Tropique, qui leur est plus éloigné.

Des proprietez & des accidens qui arrivent à ceux qui habitent à la fin de la Zone torride, ou au commencement de celles qui sont temperées.

CEux qui habitent à la fin de la Zone torride, ou au commencement de celles qui sont temperées, ont leur point vertical sous les Tropiques, & la Sphere inclinée de 23. degrez & demy : d'où s'ensuivent ces Phœnomenes.

1. En cette position du Monde, toutes les Etoilles qui comprennent les Cercles Polaires, sont de perpetuelle apparition, ou occultation.

2. Les jours & les nuits sont plus inégales en cette demeure, qu'en la precedente.

3. Le Soleil une fois leur est vertical, quand il est au Tropique qui est sur leur teste.

4. Ils

4. Ils ont deux Solſtices, l'un vertical, & l'autre éloigné de leur Zenith
de 47. degrez.

5. Ce qui fait que ſi la proximité ou
l'éloignement du Soleil, fait les quatre
Saiſons de l'an : ils auront un Eſté
tres-chaud, quand il ſera au tropique
qui eſt ſur leur teſte : & un Hyver aſſez
froid, quand il ſera à l'autre qui eſt é-
loigné d'eux.

6. Ils ont ſeulement quatre ombres:
Orientale, Occidentale, une vers leur
Pole, & une perpendiculaire ſeulement
une fois l'an.

7. Pour la temperature de l'air, il
n'y a contrée qui merite mieux eſtre
dite torride, que celle qui eſt és environs des tropiques, parce que toutes
les cauſes de chaleur ſe trouvent en
cet endroit. Premierement, le Soleil
leur eſt vertical, auſſi bien qu'en aucun lieu de la Zone torride. Secondement, ce qui accroiſt extrêmement la
chaleur, c'eſt que la declinaiſon du
Soleil s'augmente ou ſe diminuë de ſi
peu és environs des tropiques, que
l'on peut dire qu'il eſt ſenſiblement
quarante jours & plus à courir toûjours par deſſus leurs teſtes, quand il

est vers le Solstice d'Esté. Davantage, le Soleil demeure plus long-temps en Esté sur l'Horison, & moins sous terre, qu'il ne fait entre les Tropiques. outre qu'il va plus lentement que sous l'Equateur, comme s'étant éloigné de vingt-trois degrez, & plus du milieu du Monde, où le mouvement des Cieux est plus rapide. Et puis il y a une bien plus grande étenduë de terre sous les Tropiques, qui fait que les rayons du Soleil se reflechissent avec plus de violence, que quand ils tombent sur les eaux.

Des proprietez & des accidens qui arrivent à ceux qui habitent aux Zones temperées, entre les Tropiques & les Cercles Polaires.

CEux qui habitent aux Zones temperées, entre les Tropiques & les Polaires, ont la Sphere encore plus oblique, qu'en la precedente position. Et ainsi le Pole plus elevé que 23. degrez & demy, mais moins aussi que 66. & demy, d'où s'ensuivent ces apparences.

1. Il y /plusieurs Etoilles, plus ou

moins, selon l'obliquité de la Sphere,
ou élevation du Pole, qui sont toûjours
sur l'Horison sans se coucher, & d'autres qui sont toûjours au dessous sans
se lever.

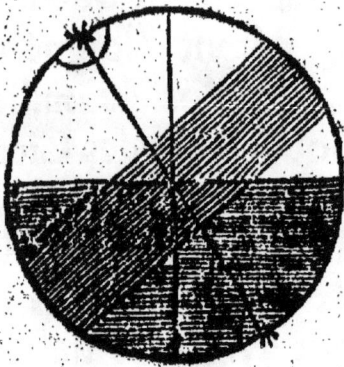

2. L'inégalité
des jours & des
nuits s'augmente,
d'autant plus qu'ils
ont le Pole élevé,
de sorte qu'il y a
des nuits qui ne
font qu'un crepuf-
cule en plusieurs endroits des Zones
temperées.

3. Le Soleil ne leur est jamais vertical, mais il s'approche de leur Zenith,
plus ou moins, selon qu'ils ont la
Sphere oblique.

4. Ils ne laissent pourtant d'avoir
deux Solstices, l'un proche, l'autre
éloigné, de même partie du Monde.

5. D'où vient que le Soleil faisant ses
Saisons par son approchement ou éloignement, ils ont un Esté & un Hyver
quand le Soleil est aux tropiques.

6. Ils ont seulement trois ombres,
Orientale, Occidentale, & une vers
leur Pole.

7. Pour la temperature de l'air, elle est diverse, à cause de l'étenduë de la Zone qui contient depuis un des Tropiques jusqu'aux Polaires 1410. lieuës Françoises. Ceux donc qui seront plus proches des Tropiques, auront un Esté plus ardent : Ceux qui approcheront des Polaires, un Hyver plus long.

Des proprietez & des accidens qui arrivent à ceux qui habitent à la fin des Zones temperées, ou au commencement de celles qui sont froides.

CEux qui habitent à la fin des Zones temperées ou au commencement de celles qui sont froides, ont le Pole élevé de 66. degrez & demy, & leur Zenith dans le cercle Polaire ; d'où s'ensuivent ces apparences.

1. Il y a encore une plus grande quantité d'Estoilles, qu'en toutes les autres positions precedentes, qui sont

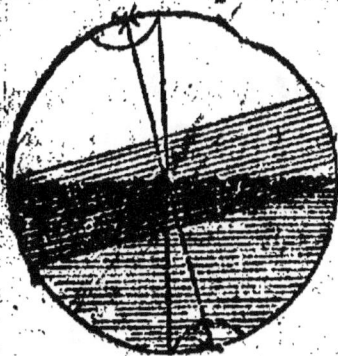

dé perpetuelle apparition & occultation. Car toutes celles qui font encloses dans leur Tropique d'Esté, ne se couchent jamais, bien qu'elles soient sur l'Horison : & toutes celles qui sont enfermées dans le Tropique d'Hyver, jamais ne se levent.

2. Il y a une si grande inégalité de jours & de nuits, que le plus grand jour d'Esté est de 24. heures, & la plus grande nuit d'Hyver, de 24. heures aussi, à cause que le Tropique d'Esté est entierement sur l'Horison, & le Tropique d'Hyver caché au dessous.

3. Ils n'ont jamais le Soleil vertical; mais au contraire, il en est si éloigné, qu'il ne s'approche jamais d'eux plus prés que de 45. degrez.

4. Ils ne laissent pourtant pas d'avoir deux Solstices, l'un au Tropique d'Esté, & l'autre au Tropique d'Hyver, distant de 90. degrez de leur Zenith. Ce Tropique ne paroist jamais, & touche seulement l'Horison en un point.

5. L'éloignement du Soleil de leur point vertical, est cause qu'il fait toujours froid en ces Regions là.

6. Ils ont quatre sortes d'ombres,

Orientale, Occidentale, une vers le Pole, & une fois l'an une ombre circulaire tout à l'entour de l'Horison, quand le Soleil est à leur tropique d'Esté.

7. Le Soleil leur est toûjours du costé du Midy, excepté vers le tropique d'Esté, où il semble, quand il s'abbaisse, estre du costé du Pole.

8. C'est une remarque notable, qu'en cette obliquité de Sphere, en un instant il y a six Signes de l'Ecliptique, qui se levent, & six Signes qui se couchent tous les jours quand le Soleil est en l'Horison : d'où s'ensuit que quelquefois cinq ou six Planetes se couchent & se levent en un moment.

9. En cette habitation il y a un jour naturel de 24. heures, sans aucun crepuscule, ny aucune nuit, qui est le plus long jour d'Esté. Plusieurs jours avec crepuscule, sans aucune nuit (qui est quand le Soleil s'abbaisse sous l'Horison moins de 18. degrez) és environs du Solstice d'Esté. Plusieurs jours aussi avec crepuscule & nuit, quand il s'abbaisse aprés qu'il est couché, de quelques degrez davantage. Et enfin un jour naturel de 24. heures, composé de

crepufcule & de pure nuit, fans que l'on voye le Soleil : ce qui arrive au Solftice d'Hyver.

Des proprietez & des accidens qui arrivent à ceux qui habitent dans les Zones froides, entre les Cercles Polaires & les Poles.

Eux qui habitent entre les Cercles Polaires & les Poles du Monde, ont la Sphere tres oblique, le Pole élevé plus de 66. degrez & demy : d'où s'enfuivent ces apparences.

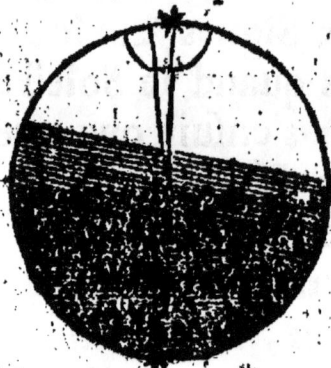

1. Il y a une tres-grande quantité d'etoilles, qui font en ces lieux-là de perpetuelle apparition & occultation, & ce d'autant plus qu'ils approchent du Pole du Monde.

2. Une fi grande inégalité de jours & de nuits, que le Soleil paroift fur l'Horifon plufieurs jours, & quelquefois plufieurs mois (quand on approche des Poles) fans fe coucher : Ce qui arrive à caufe que l'Horifon coupe

toûjours l'Ecliptique en deux points equidiſtans du Solſtice d'Eſté : entre leſquels s'il s'y trouve 20. ou 30. degrez, pendant que le Soleil courra par cette partie, il ſera 20. ou 30. jours à luire ſur l'Horiſon, ſans ſe coucher. Mais en contrechange auſſi, il arrivera pour les mêmes cauſes, que les nuits d'Hyver, égaleront ces longs jours d'Eſté, parce qu'il y aura une pareille portion de l'Ecliptique qui ne paroîtra point ſur l'Horiſon, où le Soleil étant il ne ſe levera point.

3. Ils ont le Soleil tres-éloigné de leur Zenith. Un Solſticé ſeulement manifeſte, ſçavoir celuy d'Eſté, & celuy d'Hyver eſt caché ſous l'Horiſon.

4. Ils ont comme les precedens habitans quatre ſortes d'ombres, Orientale, Occidentale, une vers le Pole qui leur eſt apparent, & pluſieurs circulaires ; ſçavoir, autant de fois que le Soleil luit de jours ſans ſe coucher.

5. En cette demeure il y a pluſieurs revolutions Solaires, ſans crepuſcule ny nuit : Pluſieurs jours auſſi avec crepuſcule ſans nuit, pluſieurs avec crepuſcule & nuit : Et enfin pluſieurs jours compoſez de crepuſcule & de nuit :

Et

Et ſi on eſt proche du Pole, pluſieurs nuits ſans crepuſcule ny jour.

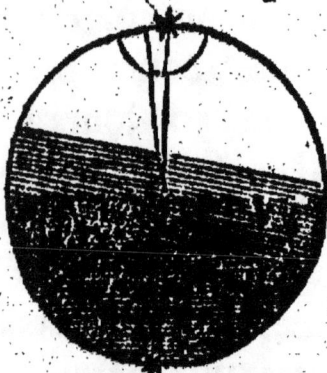

6. Il y a une choſe à remarquer en cette diſpoſition du Monde, que le Taureau ſe leve auparavant le Belier, le Belier avant les Poiſſons, les Poiſ-ſons avant le Verſe-eau, bien que les Signes qui leur ſont oppoſez ſe levent ſelon leur ordre, mais auſſi ſe cou-chent-ils contre l'ordinaire.

7. C'eſt pourquoy il peut arriver quelquefois que la Lune ſe leve devant le Soleil, & qu'elle ſe couche quelque temps aprés ſi elle eſt au Signe du Tau-reau, & que le Soleil ſoit au commen-cement des Poiſſons ou du Belier.

8. Pour la temperature de l'air, il y eſt tres-froid, à cauſe que le Soleil eſt tres-éloigné, & ne jette ſes rayons que bien obliquement ſur les terres, les vents du coſté du Pole ſi ordinaires, que la nature ſemble leur avoir donné un Empire parmy le Ciel de ces quar-tiers-là. L'Hyver y eſt ſi ennuyant, qu'il les tyranniſe par l'eſpace de ſix ou ſept

Z

mois, & tient la furface de la Mer fo-
lide & affeurée, comme fi on avoit à
fe promener deffus : l'Efté fi plein de
tenebres continuelles, qu'étant diffipées
environ les deux ou trois heures après
Midy, reprennent incontinent leur premiere obfcurité. Les glaçons font fi
grands fur les Mers, que quand ils
commencent à fe feparer, l'on diroit
que fe font des Ifles flotantes, qui s'en-
tre-heurtent pour fe perdre l'une l'autre.

Des proprietez & des accidens qui arrivent à ceux qui habitent au milieu des Zones froides fous les Poles.

CEux qui habitent dans les Zones
froides, directement fous les Po-

les, ont la Sphere parallele : d'où s'enfuivent ces Phœnomenes.

1. Dautant que l'Horifon & l'Equinoxial font joints enfemble, toutes les parties du Ciel qui font en l'Hemifphere fuperieur, paroiffent toûjours fans fe lever ny fe coucher : Et celles qui font en l'Hemifphere inferieur, font toûjours fous la Terre, quoyque le Monde tourne.

2. L'Année y eft comme un jour naturel, le Soleil étant fix mois entiers fur la Terre, & fix mois entiers au deffous ; à caufe de fix Signes du Zodiaque, qui font toûjours au deffus de l'Horifon, & autant au deffous.

3. Pour la même raifon, la Planete de Saturne y eft quinze ans fans fe coucher, Jupiter fix, Mars un an, le Soleil, Venus & Mercure fix mois, & la Lune quinze jours, où on notera que le lever & le coucher des Planetes fe fait à l'Equinoxe.

4. Quand le Soleil eft au Tropique, il eft d fa plus haute élevation, fçavoir de 23. degrez & demy en toutes les parties de l'Horifon.

5. Ce qui fait qu'ils n'ont aucun Orient ny aucun Occident, parce que le Soleil fait toutes fes revolutions

paralleles à l'Horifon, & par confequent, ils n'ont qu'une ombre circulaire.

6. En cette difpofition du Ciel il y
a environ 182. revolutions Solaires fans
nuit, ny fans crepufcule : plufieurs qui
n'ont ny jour ny nuit , mais un crepufcule continu. Et enfin plufieurs
auffi qui font en perpetuelles tenebres
fans jour ny crepufcule.

7. Pour la temperature de l'air , il
ne peut qu'elle ne foit tres-incommo-
de , à caufe des grands froids , des
glaces , des neiges , & des tenebres
continuelles.

Des Climats.

UN Climat eft un efpace du Globe
terreftre , compris entre deux Cercles paralleles à l'Equateur , entre lefquels il y a variation de demy heure
au plus long jour d'Efté.

Les Geographes ne fe font pas contentez de divifer la Terre en Zones ,
pour la diverfe temperature de l'air.
Mais ils l'ont divifée auffi, ayant égard
à la grandeur des jours artificiels, en
cette forte. Par exemple, fur l'Equa-

teur , les jours ont perpetuellement
douze heures : mais si de là on va vers
les Poles, ils s'augmentent toûjours de
plus en plus , jusqu'à ce que l'on soit
parvenu au Pole où le jour y est de 6.
mois entiers. Ils ont donc enfermé un
certain espace de terre, entre deux Cercles paralleles à l'Equateur, qu'ils ont
nommé Climat ; entre lesquels il y a
variation de demy heure : c'est-à-dire,
si sur le plus proche de l'Equateur, le
plus grand jour d'Esté est de 13. heures , il faut que sur l'autre il y ait 13.
heures & demie , pour finir cette espace de terre qu'ils nomment Climat,
qui est à dire inclination , parce que
la Sphere selon la diversité des Climats,
se panche & s'incline. Ce qui se com-
prendra plus aisément à l'explication
que j'ay faite de la Carte univer-
selle. *a*

a Les Climats servent à distinguer les
surfaces de la Terre par les differentes lon-
gueurs, ou brievetez des jours qui croissent
à proportion qu'on s'éloigne de l'Equateur
vers les Poles du Monde, chaque Climat est
comme une petite Zone, parce qu'il est ter-
miné par deux cercles paralleles entr'eux & à
l'Equateur. Cette Zone est partagée par un
autre cercle parallele qui fait deux demy-

Climats, lesquels varient les plus longs jours
d'un quart d'heure, comme il sera dit encore cy-aprés.

Du nombre des Climats selon les Anciens.

LEs Anciens ont fait sept Climats,
qu'ils ont nommez *Diameroé, Dia-
syenes, Dialexandrias, Diarhodou,
Diaromes, Diaborystenous, Diaripheon,*
à cause que le lieu de ces Climats passoit
par les lieux cy-dessus.

Celuy qui passoit par Meroé, qui
est une Isle du Nil, estoit selon les
Astrologues sous la domination de Saturne. Celuy qui passoit par Syene, qui
est une Ville d'Egypte, en la domination de Jupiter. Le Troisiéme, qui
passoit par Alexandrie, Ville d'Egypte,
appartenoit à Mars. Le quatriéme, par
l'Isle de Rhodes, au Soleil. Le cinquiéme, par Rome, à Venus. Le sixiéme, passant par l'embouchûre du
Fleuve Borystene, à Mercure. Le septiéme, traversant les Monts Riphées,
estoit donné à la Lune. *a*

　a Les anciens Geographes n'ont étably
que sept Climats, parce qu'ils suffisent à

diſtinguer toutes les Regions connuës en
leur temps, mais ils n'ont pas mis le premier
là où le jour eſtoit de douze heures & demie, croyant que ce lieu eſtoit inhabitable,
& ils l'ont commencé là où le jour eſtoit
de treize heures, & où par conſequent doit
eſtre le ſecond ; ce qui fait que le ſeptiéme
eſt proprement le huitiéme, que le ſixiéme
eſt le ſeptiéme, & ainſi des autres.

Du nombre des Climats ſelon les Modernes.

LEs Modernes ont diſtingué toute la
ſurface de la Terre, depuis l'Equateur juſqu'aux Poles en 30. Climats,
deſquels les 24. premiers different entr'eux de demy heure, & les ſix autres de trente jours.

Les Anciens, comme j'ay dit, con-
ſtituoient ſept Climats ſeulement, parce qu'ils eſtimoient qu'il n'y avoit que
cette partie de la Terre qui fût habi-
table, laquelle ils diviſoient en ſept.
Ptolomée qui en a connu davantage,
en a fait neuf : & les Modernes, bien
que toute la Terre ne ſoit pas encore
découverte, ne laiſſent pas de diviſer
toute la ſurface, depuis l'Equateur juſqu'aux Poles en Climats, les uns d'une

façon, les autres d'une autre. La plus facile à retenir, est celle que nous avons donnée ; sçavoir en trente, vingt-quatre desquels sont entre l'Equateur & les Cercles Polaires : les six autres dans les Zones froides. La pratique de cecy est démontrée à la douziéme proposition du cinquiéme Livre. *a*

a Vous prendrez garde que bien que les Climats aillent de demie heure en demie heure, ils ne sont pas neanmoins d'une largeur égale sur la Terre ; mais ils sont plus larges à mesure qu'ils sont voisins de l'Equateur, allant toûjours se diminuant à proportion qu'ils approchent des Poles.

Les Climats servent à faire connoître la longueur du plus grand jour d'un lieu de la Terre, laquelle grandeur on trouve en ajoûtant 12. à la moitié du nombre du Climat, car ainsi on a le nombre des heures du plus grand jour. Ainsi sçachant que Paris est dans le huitiéme Climat, en ajoûtant 12. à 4. moitié de 8. on connoîtra qu'à Paris le plus grand jour est de 16. heures.

On peut par une operation contraire, trouver le Climat d'un lieu de la Terre, en connoissant son plus grand jour, sçavoir en ostant 12. du nombre des heures du plus grand jour, & en prenant le double du reste. Ainsi sçachant qu'à Paris le plus grand jour est de 16. heures, en ostant 12. de 16. il restera 4. dont le double 8. fait connoître que Paris est dans le 8. Climat.

Des Paralleles des jours.

UN Parallele de jours , est un espace du Globe terrestre , enclos
entre deux Cercles Paralleles à l'Equateur , entre lesquels il y a variation
d'un quart d'heure au plus long jour
d'Esté.

On a 'accoûtumé de tout temps de
diviser chaque Climat par la moitié,
non pas ayant égard à la largeur du
Climat , mais à l'espace de temps que
contient le Climat , & on appelle cette
moitié un Parallele de jours , qui toutefois est un espace de terre , compris
entre deux Cercles Paralleles , entre
lesquels il y a variation d'un quart
d'heure ; c'est à dire , si sous le plus
proche de l'Equateur , le plus grand
jour est de 13. heures ; sous l'autre il
y doit avoir 13. heures & un quart,
afin que cet espace comprenne un Parallele de jours.

Du nombre des Paralleles des jours.

SElon les Anciens, il y en avoit quatorze, & selon les Modernes, il y en aura soixante.

Puisque chaque Climat contient deux Paralleles, il est necessaire que les Anciens en eussent quatorze, & que les Modernes qui en mettent trente, en ayent soixante : sçavoir quarante-huit qui vont de quart d'heure en quart d'heure, & douze qui vont de quinze en quinze jours. La douziéme proposition de l'usage de la Sphere, enseigne en quel Climat & en quel Parallele, selon les Anciens & les Modernes, chaque contrée est située.

De la division de la surface de la Terre, par la diverse consideration des ombres.

LE Soleil en diverses parties de la Terre, jette des ombres bien diverses, parce que les corps, d'où procedent les ombres, sont opposez au Soleil bien diversement en divers endroits

de la Terre. Ce qui a esté cause que
les Geographes ont observé les ombres
que le Soleil fait à Midy, & par la
diversité de ces ombres, ont fait une
distinction des peuples, nommant les
uns Amphisciens, les autres Heterosciens, & d'autres Perisciens.

Des Amphisciens.

LEs Amphisciens, *font ceux qui en
divers temps de l'année, ont à
l'heure de Midy, les ombres tantost
du costé d'un Pole, tantost de l'autre:
ce qui arrive à ceux qui habitent en
la Zone torride.*

Ceux qui habitent en la Zone torride entre les Tro-
piques, ont deux
ombres diverses à
Midy, en divers
temps, & quelque-
fois point. Car
quand le Soleil est
directement sur
leur teste, ce qui leur arrive deux fois
l'année, alors les corps perpendiculai-
res n'ont aucune ombre: mais quand il
quitte leur Zenith, & qu'il s'abbaisse

vers les Tropiques, alors les ombres s'étendent vers l'un ou l'autre Pole; & de là vient le mot Amphiscien, lequel signifie, qui a des ombres des deux costez. Car *amphi*, signifie en Grec de part & d'autre : & *scia*, signifie ombre.

Des Heterosciens.

LEs Heterosciens, sont ceux qui tout le long de l'année, ont à l'heure de Midy toûjours les ombres du côté du Pole qui est sur leur Horison: ce qui arrive à tous ceux qui habitent aux Zones temperées.

Ceux qui habitent en la Zone temperée Septentrionale, ont toute l'année les ombres à Midy, vers le Pole Arctique ; Et ceux qui demeurent en l'autre Zone temperée, ont tout le long de l'année les ombres à Midy, vers le Pole Antarctique, & de là vient le mot Heteroscien, lequel signifie, qui a les ombres d'un seul costé. Car *heteros*,

fignifie en Grec un , & *fcia* , ombre.

Des Perifciens.

LEs Perifciens, *font ceux à qui les ombres tournent en rond à l'entour d'un corps perpendiculaire : ce qui arrive à tous ceux qui habitent aux Zones froides.*

Parce que le Soleil eft quelquefois un jour, deux, trois, & plus, en ces quartiers-là fans fe coucher , il eft neceffaire que l'ombre que fait un corps perpendiculaire aux rayons du Soleil, tourne en rond , puis qu'elle eft toûjours oppofée au Soleil , qui tourne au tour du corps opaque : Et de là vient le mot Perifcien , lequel fignifie , qui a les ombres circulaires. Car *peri*, fignifie en Grec , au tour , & *fcia* , ombre.

De la division de la Terre, par la diverse situation des Habitans.

LEs Habitans de la Terre, ont eu divers noms, selon la diverse situation qu'ils ont entr'eux. Car à l'égard du lieu où quelqu'un est, on appellera les uns Perieciens, les autres Anteciens, & les autres Antipodes, excepté quand il est sous l'Equateur, ou sous les Poles, ou seulement quand il a des Antipodes, comme il se connoîtra aisément par les définitions suivantes.

Des Perieciens.

LEs *Perieciens, sont ceux qui habitent sur le même Parallele & le même Meridien.*

Ils habitent donc en même Zone & même Climat, ont la même élévation de Pole, les mêmes saisons de l'année quand & quand l'autre, les mêmes augmentations de jours & de nuits. Mais quand l'un a Midy, l'autre a Minuit. Ils sont nommez Perieciens;

c'eſt à dire, habitans à l'entour. Notez que les Perieciens qui habitent en la Zone froide, ne peuvent pas avoir Midy, quand les autres ont Minuit : ſinon lors que le Soleil parcourt les parties du Zodiaque, qui ſe levent & ſe couchent.

Des Anteciens.

LEs Anteciens ſont ceux qui habitent ſur une même moitié de Meridien, mais ſur divers Paralleles, également diſtans de l'Equateur.

Ils habitent donc en ſemblable Zone, & ſemblable Climat, pour la temperature de l'air : car ſi les uns ſont en la Zone temperée Septentrionale, les autres ſont en la Zone Auſtrale temperée. Ont la même élevation de Pole, mais de Pole divers : ont le Midy enſemble, mais les Saiſons contraires ; c'eſt à dire, quand les uns ont l'Hyver, les autres ont l'Eſté, & ſont dits Anteciens, quaſi comme habitans en contraires Regions. Notez que les Antéciens qui sont dans les Zones froides, ne peuvent toutefois avoir Midy ensemble, que quand le Soleil parcourt les degrez du Zodiaque, qui se levent & se couchent.

Des Antipodes.

LEs Antipodes, sont ceux qui sont distans entr'eux de tout le diametre de la Terre.

Ils habitent donc en semblable Zone, & semblable Climat, pour la temperature de l'air, comme les Antéciens. Mais ils sont toûjours distans entr'eux de la moitié du circuit de la Terre : ce qui n'arrive pas aux autres, qui sont tantost plus proches, tantost plus éloignez. Ils ont le jour quand les autres ont la nuit, l'Hyver quand les autres ont l'Esté, le Midy quand les autres ont minuit, même élevation de Pole, mais de Poles divers, & sont dits Antipodes, quasi pieds contre pieds. Ce que plusieurs des Anciens toutefois n'ont pû croire, qu'il y eût des hommes qui leur fussent opposez de tout le diametre de la Terre, les uns écrivant

vant comme Pline, que c'est une chose douteuse, & qu'il y a eu toûjours grande dispute entre les hommes de Lettres, touchant cette matiere : Les autres comme Lactance, le niant hardiment ; Les autres comme saint Augustin, ne le pouvant comprendre. Et en effet cette doctrine a esté tenuë si absurde au commencement du Christianisme, que quelques Prelats furent estimez s'égarer du droit chemin, parce qu'ils tenoient qu'il y avoit des Antipodes. Mais ceux qui ont circuy le Monde, comme Magelan, Drac & Olivier, en ont levé toute la difficulté étant une chose vraye, que s'en étant allez vers le Couchant, enfin ils sont retournez par le Levant.

De la division de la Terre, en Longitude & en Latitude.

LEs Geographes ont encore distingué la Terre en Longitude & en Latitude, par le moyen de deux grands

Cercles ; sçavoir, le Meridien & l'E-
quateur.

De la Longitude & de la Latitude de la Terre.

LA Longitude de la Terre, se prend
d'Occident en Orient, & la Latitude de l'Equateur aux Poles.

Bien qu'en un Globe, on ne puisse
pas plustost nommer d'un costé la longueur que la largeur, si est-ce que de
tout temps on a compté la Longitude
d'Occident en Orient, & la Latitude
de l'Equateur aux Poles, parce que du
temps des premiers qui ont fait la des-
cription des Regions de la Terre, la
surface connuë s'étendoit bien plus
loing d'Occident en Orient, que du
Septentrion à Midy. *a*

a Les Geographes pour mieux diviser la
Terre, luy ont donné une longueur & une
largeur, bien que Geometriquement parlant,
elle n'en ait point, étant Spherique : & c'est
pour cela qu'ils se servent de deux sortes de
Cercles, dont les uns sont de Longitude,
& les autres de Latitude.

L'Equateur & les Cercles Paralleles, qui
s'en éloignent vers l'un & l'autre Pole, sont
appellez Cercles de Latitude Septentrionale

& Meridionale : Et les Meridiens qui paſſent par chaque lieu de la Terre & les Poles, où ils s'entre-coupent, ſe nomment Cercles de Longitude.

Où commence la Longitude & la Latitude.

L E commencement de la Longitude, ſe prend au Meridien des Iſles Fortunées, ou ſelon les Modernes, à celuy des Iſles Açores. La Latitude à l'Equateur.

Pour determiner les Longitudes, il a bien falu mettre un principe, pour commencer. Ptolomée l'a mis au Meridien qui paſſe par les Iſles Fortunées, parce qu'on eſtimoit qu'il n'y avoit plus de terre au de là. Les Modernes l'ont mis au Meridien, qui paſſe par les Iſles des Açores, parce que l'aiguille aymantée n'a ſous ce Meridien aucune variation, & qu'ils eſperoient de pouvoir determiner les Longitudes des lieux par la declinaiſon de l'aiguille. *a*

a C'eſt parce qu'ils croyoient que la variation de l'aymant eſtoit reglée, ce qui eſt contre la verité & l'experience. Monſieur Caſſiny a obſervé que preſentement à Paris l'aiguille aymantée decline d'environ 5. degrez du Septentrion à l'Occident.

De la Latitude des lieux.

LA Latitude d'un lieu, est la distance qu'il y a entre le lieu & l'Equateur.

D'autres la definissent en cette façon : La Latitude est l'arc d'un Meridien, qui est compris entre le lieu & l'Equateur, par laquelle definition ceux qui sont sous l'Equateur, n'ont point de Latitude. *a*

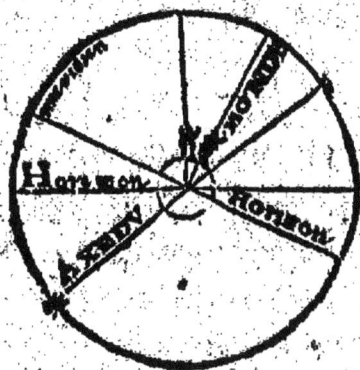

a Comme cet arc du Meridien peut être dans l'Hemisphere Septentrional, ou dans le Meridional, cela fait que la Latitude d'un lieu de la Terre peut être Septentrionale & Meridionale. D'où il suit que deux lieux de la Terre également éloignez de la Terre, sans être sous le même Parallele, ont une même Latitude, l'une Septentrionale & l'autre Meridionale.

De la Longitude des lieux.

L A Longitude d'un lieu, est la dif-tance qu'il y a entre le lieu & le premier Meridien.

D'autres la definissent en cette façon: la Longitude est l'arc d'un Parallele compris entre le lieu & le premier Me-ridien, par laquelle definition ceux qui habitent sous le premier Meridien, n'ont point de Longitude. Notez que les Longitudes des lieux se peuvent étendre jusqu'à 360. degrez, mais la Latitude seulement jusqu'à 90. *a*

a Comme on divise la Latitude en Bo-reale & en Septentrionale, on auroit pû de même diviser la Longitude en Orientale & en Occidentale, en ne l'étendant que jus-qu'à 180. degrez, ce qui seroit plus com-mode. Ainsi l'Isle de Cuba, qui est de 60. degrez plus Occidentale que le premier Me-ridien, auroit 60. degrez de Longitude Oc-cidentale, ce qui seroit plus intelligible que de faire le tour en allant vers Orient, & de luy donner 300. degrez de Longitude.

La raison pour laquelle on compte la Longitude d'Occident en Orient, plustost que de l'Orient à l'Occident, est parce que la Longitude celeste, qui mesure le mouve-ment particulier des Planetes & des Estoilles

A a iij

fixes, se prenant de l'Occident à l'Orient le long du Zodiaque, la Longitude terrestre se devoit compter à peu près de la même façon.

Des Parties droites & gauches du Monde.

IL ne faut pas s'étonner s'il y a de la confusion à la determination de ces parties, à cause des diverses considerations de ceux qui les y ont établies. Les Prêtres & les Augures du temps passé avoient leur face vers l'Orient, pendant qu'ils faisoient leurs sacrifices & dissections, ce qui est cause qu'ils appelloient l'Orient la partie anterieure du Ciel, l'Occident la posterieure : & par consequent, les parties Septentrionales, gauches ; & les Meridionales, droites. Au contraire, les Poëtes tournoient la face vers le Couchant, parce qu'ils avoient l'esprit tendu aux Isles Fortunées, & disoient que l'Occident estoit la partie anterieure du Ciel, l'Orient la posterieure, le Septentrion la partie droite, & le Midy la gauche. Les Geographes qui sont attentifs à determiner la Latitude des

lieux, par l'élévation du Pole, pour
faire leurs Cartes; difent, que l'Orient
eft la partie droite du Monde, l'Occident la partie gauche : Ce qui a efté
auffi l'opinion de Pythagore, de Platon & d'Ariftote. Les Aftronomes avec
Empedocles & les Egyptiens, qui fe
font addonnez à la recherche des mouvemens des Cieux, pendant qu'ils font
tournez vers le Midy, où le cours des
Cieux y eft plus manifefte, difent au
contraire des Geographes, & confti-
tuent l'Occident la partie droite du
Monde, & l'Orient la partie gauche. «

« Pour fe fouvenir de ce qui vient d'être
dit, il n'y a qu'à garder dans fa memoire ces
deux petits Vers.

Ad Boream terra, ftat Cœli menfor ad
    Auftrum,
Prace Dei, exortum videt, occafumque Poëta.

Pour trouver la droite & la gauche des
Rivieres, il faut fe tourner le vifage vers le
courant de l'eau, & alors on a un des ri-
vages à droit, & l'autre à gauche. Ainfi
le Louvre de Paris eft à la droite de la Sei-
ne, & le Fauxbourg faint Germain à la
gauche.

Il faut juger le contraire des Golphes, où la droite & la gauche se prennent en entrant, quand on est tourné vers la Terre. Comme dans le Golphe de Venise ; Ancone est à la gauche, & Raguse à la droite.

TRAITE'

TRAITE'
DE LA SPHERE
DU MONDE.

LIVRE V.

De l'Usage de la Sphere.

L'Usage de la Sphere presque
de tout temps n'a esté que
pour, sçavoir connoître les
Cercles que l'on imagine au
premier Mobile. En aprés, on y a
ajoûté le Ciel du Soleil, qui a ses
Poles attachez aux Poles du Zodiaque, pour montrer que son chemin
ordinaire est toûjours sous l'Ecliptique:
Et enfin le Ciel de la Lune, qui tourne sur des Poles distans de ceux du
Soleil environ de 5. degrez, pour faire
quelque demonstration des Eclipses.

Bb

Nôtre Sphere, outre l'utilité qu'elle a commune avec les autres, a cela de particulier, qu'elle montre la Terre immobile au centre du Monde, encore que les Cieux tournent à l'entour, & peut satisfaire à toutes les Propositions suivantes.

Proposition I.

Disposer *la Sphere selon les quatre parties du Monde.*

Les quatre parties du Monde, sont l'Orient, l'Occident, le Septentrion, & le Midy, que les Mariniers appellent Est, Oüest, Nord, & Sud. Lesquelles sont trouvées en cette façon.

La Sphere estant posée sur une surface plane & parallele à l'Horison, qu'elle soit tournée deçà & delà par son pied, jusquà ce que l'aiguille aymantée de la petite boussole, soit directement sur la ligne qui est au dessous d'elle, & alors la Sphere sera disposée selon les quatre parties du Monde. Et si on regarde sur l'Horison de la Sphere là où est écrit Sud, de ce même costé-là est le Sud ou le Midy à l'Horison du Monde, & ainsi de toutes les autres parties.

Corollaire.

PAr cette methode vous ne trouverez pas seulement les quatre parties principales ; Midy, Septentrion,
Orient, & Occcident : mais aussi de
quelle part de l'Horison sortent les 32.
vents qui sont marquez tout à l'entour.

Proposition II.

ELever le Pole de la Sphere, selon
l'inclination de quelque lieu.

L'inclination d'un lieu, est l'angle
que fait l'axe du Monde sur l'Horison,
ou bien l'arc du Meridien compris entre l'Horison & le Pole, que l'on nomme autrement élevation de Pole, laquelle est trouvée en cette façon. Soit
levé le Pole de la Sphere sur l'Horison du costé du Septentrion, jusqu'à
ce qu'il y ait autant de degrez compris
entre le Pole & l'Horison, que contient l'inclination du lieu : & alors le
Pole de la Sphere sera élevé comme la
proposition le demande. Comme si
vous la vouliez élever pour l'inclina-

tion de Paris, qui est environ de 49. degrez, levez le Pole de la Sphere sur l'Horison, du costé du Nort de 49. degrez, que vous compterez sur le Meridien, & vous aurez le Pole élevé selon l'inclination de la Ville de Paris.

Corollaire.

PAr la même methode, on disposera la Sphere selon la Latitude du lieu, parce que l'élevation du Pole & la Latitude du lieu, sont toûjours égales.

Proposition I I I.

COnsiderer quel est le mouvement du Monde, à l'égard de quelque lieu.

Le Monde ne tourne pas à tous les habitans de la Terre de même façon, il se meut autrement à ceux qui ont la Sphere droite, autrement à ceux qui l'ont oblique, ou parallele. Si donc vous desirez considerer le mouvement du Ciel, à l'égard de quelque lieu. Premierement, que la Sphere soit disposée selon les quatre parties du Mon-

de, par la premiere propofition, &
que le Pole foit élevé par la feconde,
felon l'inclination du lieu, alors fi
vous faites tourner la Sphere avec la
main d'Orient en Occident, vous con-
fidererez aifément quel y peut eftre le
mouvement du Monde, qui eft une
des gentilles confiderations qu'on puiffe
avoir. Car non feulement l'Horifon
de la Sphere eft pour lors avec l'Horifon du Monde, mais le Meridien de
la Sphere avec le Meridien Celefte,
l'Axe avec l'Axe, & les Poles vis à
vis des Poles du Monde.

Propofition I V.

T Rouver le lieu du Soleil au jour
propofé.

Le lieu du Soleil eft le degré de
l'Ecliptique où le Soleil eft, lequel fe
trouve facilement, en prenant fur
l'Horifon de la Sphere le degré du
Zodiaque, qui eft vis à vis de celuy
du jour; comme fi je veux fçavoir au
dixiéme de Novembre le lieu du Soleil, vis à vis du dixiéme de Novembre fur l'Horifon, eft le 18. du Scorpion, pour le lieu du Soleil.

Que fi on defire fçavoir à quel jour de l'année le Soleil fera en quelque degré du Zodiaque ; il n'y a qu'à chercher fur l'Horifon le degré, & vis à vis on trouvera le jour demandé. Ainfi le Soleil entre au 10. du Belier le dernier jour de Mars.

Propofition V.

TRouver le Nadir du Soleil.

Le Nadir du Soleil, eft le point du Zodiaque, qui eft oppofé diametralement au Soleil, pour lequel trouver foit mis le lieu du Soleil à l'Horifon du cofté d'Orient, & le Nadir du Soleil fera au degré du Zodiaque qui fe couche. Ainfi quand le Soleil eft au premier degré du Taureau, fon Nadir eft au premier du Scorpion.

Propofition VI.

TRouver les nouvelles Lunes des mois.

Sçachant l'Epacte de l'année, cherchez là au Cercle des Epactes, qui eft fur l'Horifon au mois propofé, & au jour qui eft vis à vis fera la nouvelle

Lune. Comme si je veux sçavoir cette
année 1627. quand nous aurons la nouvelle Lune de Juin, l'Epacte de l'année sont 13. & vis à vis de 13. est le
14. de Juin : je dis donc qu'au quatorziéme de Juin la Lune sera nouvelle.

Corollaire.

DE là il sera aisé à trouver les autres
faces de la Lune, car sept jours
aprés la nouvelle Lune sera le premier
quartier, & sept aprés, pleine Lune, &
sept aprés, dernier quartier.

Proposition VII.

TRouver l'Orient du Soleil.
Ce que nous appellons icy
l'Orient du Soleil, les autres l'appellent latitude Orientale, amplitude or-
tive, qui est un arc de l'Horison,
compris entre le vray Orient de l'E
quinoxe, & le lieu d'où le Soleil s
leve. Pour lequel trouver, soit pre
mierement la Sphere à l'élevation d
lieu. Secondement, le lieu du Solei
à l'Horison du costé d'Orient. Enfin
soient comptez les degrez de l'Horiso

qui font entre le lieu du Soleil & le
vray Orient. Car d'autant de degrez
fera l'Orient du Soleil. Ainfi quand le
Soleil eft au premier de l'Ecreviffe,
l'Orient du Soleil eft de 37. degrez.
Par la même methode, on trouvera
l'Occident du Soleil, ou latitude Occidentale, en faifant l'operation du
cofté du Couchant.

Propofition VIII.

TRouver la hauteur du Soleil à
Midy.

La hauteur du Soleil à Midy, eft
l'arc du Meridien, compris entre l'Horifon & le lieu du Soleil, laquelle fe
trouve en cette façon. Soit premierement la Sphere à l'élevation du lieu.
Secondement, foit mis le degré, où eft
le Soleil fous le Meridien, & les degrez du Meridien qui font compris
entre l'Horifon & ledit degré, montreront quelle eft la hauteur du Soleil
à Midy. Ainfi à Paris, qui a 49. degrez d'élevation, la hauteur du Soleil
à Midy eft de 65. degrez, quand le
Soleil eft au premier degré de l'Ecreviffe.

Proposition IX.

Trouver la declinaison du Soleil.

La declinaison du Soleil, est la distance qu'il a de l'Equateur, ou l'arc du Meridien, compris entre le lieu du Soleil & l'Equateur : pour laquelle trouver, soit mis le degré du Soleil sous le Meridien, & soient comptez les degrez du Meridien, qui sont entre l'Equateur & le lieu du Soleil. Car d'autant sera sa declinaison. Ainsi quan le Soleil est au dernier des Gemeaux la declinaison du Soleil est de 23. d grez & demy.

Proposition X.

Trouver la quantité des jours & de nuits artificielles.

La Sphere estant à l'élevation d lieu, soit mis le degré du Soleil à l'Ho rison du costé d'Orient, & le stile ho raire sur 12. heures, puis la Sphere soi tournée jusqu'à ce que le degré du So leil soit au Couchant : alors le stil horaire montrera par le chemin qu' a fait, de combien d'heures est le jo

artificiel. Ainſi à Paris, quand le Soleil
entre en l'Ecreviſſe , le jour artificiel
eſt de 16. heures, & ce qui reſte pour
accomplir 24. heures, eſt la quantité
de la nuit artificielle.

Autrement & plus precisément.

SOit premierement la Sphere à l'é-
levation du lieu. Secondement, ſoit
mis le degré du Soleil à l'Horiſon du
coſté d'Orient, & marqué le degré de
l'Equateur qui s'y trouve auſſi. Troiſiémement, ſoit tourné la Sphere vers
l'Occident, juſqu'à ce que le lieu du
Soleil ſoit au Couchant, & derechef
marqué le degré de l'Equateur , qui
pour lors ſe leve. Car les degrez de
l'Equateur, qui ſe ſont levez, compris
entre les deux marques , determinent
la quantité de l'arc diurne du Soleil,
leſquels ſi vous diviſez par 15. vous
aurez la quantité du jour artificiel en
heures. Ainſi à Paris, quand le Soleil
entre en l'Ecreviſſe , l'arc journal eſt
de 238. degrez, leſquels diviſez par 15.
donnent 15. heures & 58. minutes pour
la quantité du jour artificiel.

Propofition X I.

Rouver le plus long Jour de l'année.

En la Sphere oblique, jufqu'à l'é-
levation de 66. degrez ou environ, il
ne faut que par la precedente trouver
la quantité du jour artificiel, quand l
Soleil eft au premier de l'Ecrevilfe, qu
eft le 22. de Juin. Mais il y a une autr
methode par de là le foixante - fixiém
degré, pour ceux qui habitent au
Zones froides, qui eft telle. Soit di
pofée la Sphere à l'elevation de c
lieux-là, & qu'on obferve du cofté d
Nort, combien il y a de degrez
l'Ecliptique, qui en la revolution
la Sphere ne fe couchent point. C
autant qu'il y en aura, d'autant
jours fera à peu prés le plus long jo
d'Efté. Ainfi à l'élevation de 81. d
grez, où ont efté les Holandois,
plus grand jour d'Efté dure quatre mo
& demy, parce qu'il y a 135. degrez o
environ de l'Ecliptique, qui en cet
pofition de la Sphere ne fe couche
jamais ; & il eft neceffaire que qua
le Soleil les parcourt, qu'il luife to

jours fur leur Horifon : De là on connoîtra la quantité de la plus longue
nuit, qui toûjours eft égale au plus
grand jour.

Autrement, & plus facilement, & generalement.

LA Sphere eftant difpofée à l'élevation du lieu, qu'on regarde fur le
Meridien de la Sphere, où eft la def-
cription des Paralleles des jours, &
on trouvera joignant l'Horifon du côté du Sud, la quantité du plus grand
jour : Ainfi ayant élevé la Sphere de
81. degrez, on voit joignant l'Horifon
4. mois & demy, pour la quantité du
plus grand jour.

Propofition XII.

TRouver en quel Climat & en quel
parallele, chaque Region eft, de
laquelle l'élevation eft connuë.
Soit la Sphere difpofée felon l'élevation du lieu, & vous verrez fur le
Meridien, joignant l'Horifon du cofté
du Nort, en quel Climat & Parallele,
la Region eftoit fituée, felon les An-

ciens : Et du coſté du Sud, en quel
climat & parallele elle eſt , ſelon les
Modernes. Ainſi ceux qui ont 49. degrez d'élevation , comme Paris, étoient
au ſeptiéme climat & au quatorziéme
parallele, ſelon les Anciens : Et ſont à
la fin du huitiéme climat ou du ſeiziéme
me parallele, ſelon les Modernes.

Propoſition XIII.

TRouver à quelle heure le Soleil ſe
leve & ſe couche.

Soit la Sphere diſpoſée à l'élevation
du lieu , puis ſoit mis le degré du Soleil ſous le Meridien, & le ſtile horaire
ſur douze heures , & ſoit tournée la
Sphere du coſté d'Orient, juſqu'à ce
que le degré du Soleil ſoit en l'Horiſon, & le ſtile horaire montrera l'heure du lever du Soleil. Que ſi le lieu
du Soleil eſt porté en Occident, le
ſtile montrera à quelle heure il ſe couche. Ainſi à l'élevation de 49. degrez,
quand le Soleil eſt au premier des Gemeaux : le Soleil ſe leve à quatre heures & demie, & ſe couche à ſept &
demie.

Autrement & plus precisément.

PRemierement, soit disposée la Sphere à l'élevation du lieu. Secondement, soit mis le lieu du Soleil à l'Horison du costé d'Orient, & marqué le degré de l'Equateur qui se leve avec luy, puis soit tournée la Sphere, jusqu'à ce que le lieu du Soleil soit au Meridien, & soient comptez les degrez de l'Equateur qui se sont levez. Et ces degrez estans divisez par 15. montreront combien il y a d'heures entre le Soleil levé & le Midy ; d'où on connoîtra aisément à quelle heure le Soleil se leve.

Proposition XIV.

TRouver quel degré du Soleil se leve & se couche, avec une Etoille du Zodiaque.

La Sphere estant située, selon l'élevation du lieu, soit mise l'Estoille en l'Horison du costé d'Orient, & le degré du Soleil qui se trouvera en l'Horison en même temps, sera celuy avec lequel elle se leve. Et si on fait la même operation du côté de l'Occident, on verra avec quel degré elle se couche. Cette proposition sert pour le prognostique du changement de temps.

Proposition XV.

TRouver à quelle heure se leve ou se couche une Etoille du Zodiaque tous les jours, & de quelle partie de l'Horison.

La Sphere estant située selon l'élevation du lieu, soit mis le degré où est le Soleil sous le Meridien, & le stile sur 12. heures : puis soit tournée la Sphere, jusqu'à ce que l'Etoille soit en Orient, & le stile montrera à quelle heure elle se leve; & le degré de l'Horison, qui est vis à vis de quel endroit. Que si la même operation se fait du costé de l'Occident, on sçaura à quelle heure & en quel endroit elle se couche. Cette proposition sert grandement à les connoître.

Proposition XVI.

TRouver quelle heure inégale il est, de jour & de nuit.

L'heure inégale de jour, est la douziéme partie du jour artificiel : & l'heure inégale de nuit, est la douziéme partie de la nuit artificielle : pour laquelle trouver, qu'on prenne par la dixiéme proposition l'arc diurne du jour proposé ; c'est à dire, les degrez de l'Equateur, qui montent sur l'Horison, entre le lever & le coucher du Soleil. Puis qu'ils soient reduits en minutes, les multipliant par 60. & aprés soit divisé le produit par 12. & le quotient donnera la quantité de l'heure inégale du jour. Enfin, soient reduites en minutes les heures égales, depuis le lever du Soleil jusqu'à l'heure presente ; & le produit estant divisé par la quantité de l'heure inégale trouvée, le quotient montrera quelle heure inégale il est.

On fera la même chose de nuit, en divisant la quantité de la nuit en douze parties égales : puis ayant compté les heures depuis le coucher du Soleil, jusqu'à l'heure qu'il est, & les ayant reduites en minutes, on les divisera par la quantité de l'heure inégale de nuit, & le quotient montrera quelle heure inégale il est.

Autre-

Autrement & plus facilement.

SOit obſervé premierement combien d'heures égales ſe ſont écoulées, depuis le Soleil levé, ſi on deſire connoître l'heure inégale du jour; ou depuis le Soleil couché: ſi l'on veut ſçavoir quelle heure inégale il eſt de nuit. Secondement, combien d'heures égales contient le jour ou la nuit artificielle. Car cela eſtant connu, on reduira les heures par cette regle. *Comme les heures égales du jour artificiel, ſont à 12. heures inégales, ainſi les heures qui ſont échûës depuis le lever ou le coucher du Soleil, ſont à l'heure inégale requiſe.* Exemple, je veux ſçavoir à Paris, le 20. Juin, à 3. heures aprés Midy, quelle heure inégale il eſt. Pour ce faire, dautant que depuis le lever du Soleil juſqu'à 3. heures il y en a 11. Et que le jour artificiel en ce temps-là contient 16. heures. Je dis par la regle de trois, ſi 16. heures égales donnent 12. heures inégales : Que donneront 11. heures égales ? Le quatriéme proportionel donnera 8. & un quart. C'eſt pourquoy à trois heu-

Cc

res après Midy, ce sera encore la huitiéme heure inégale.

Proposition XVII.

TRouver quelle Planete domine à
toutes les heures inégales de jour
& de nuit.

Les Babyloniens ont tant estimé la
domination des Planetes, qu'ils ont
appellé les jours de la Semaine des
noms des Planetes : Lundy, à cause de
la Lune : Mardy, de Mars : Mercredy,
de Mercure : Jeudy, de Jupiter : Ven-
dredy, de Venus : Samedy, de Saturne :
Dimanche, du Soleil : & disoient que
les Planetes dominoient les unes après
les autres, d'heure en heure inégale,
qui a esté cause, que donnant la premiere heure du Sabat à Saturne, la seconde à Jupiter, la troisiéme à Mars,
& ainsi consecutivement selon l'ordre
des Planetes, il arrive qu'après avoir
compté 24. heures, & donné chaque
heure inégale à chaque Planete, la 25.
appartient au Soleil, & ainsi après le
Samedy vient le Dimanche, ou jour
du Soleil. Et par même raison, après
avoir derechef compté 24. heures, &

les avoir diftribuées à chaque Planete,
après le Dimanche vient le jour de la
Lune, ou le Lundy ; & aprés le Lundy
le Mardy. On trouvera donc quelle
Planete domine , fçachant par la precedente quelle heure inégale il eft. Car
fi la premiere heure de Mardy appartient à Mars, la feconde fera pour le
Soleil, la troifiéme pour Venus, la quatriéme pour Mercure , la cinquiéme
pour la Lune, la fixiéme pour Saturne, felon l'ordre des Planetes.

Propofition XVIII.

TRouver l'afcenfion droite du Soleil.
L'afcenfion droite du Soleil, eft
le degré de l'Equateur, qui fe leve a-
vec luy en la Sphere droite : pour laquelle trouver , foit mis le degré de
l'Ecliptique où eft le Soleil fous le Meridien, car tous les Meridiens font Ho-
rifons droits, & le degré de l'Equateur
qui en même temps fe trouvera au
deffous, fera l'afcenfion droite du Soleil. Ainfi le Soleil eftant au commencement du Taureau , aura une afcenfion de vingt-huit degrez , dautant
que le vingt-huitiéme degré de l'Equa-

teur se levera avec luy en la Sphere droite.

Proposition XIX.

Trouver l'ascension oblique du Soleil.

L'ascension oblique du Soleil, est le degré de l'Equateur, qui se leve avec luy en la Sphere oblique : pour laquelle trouver, soit premierement élevé le Pole selon le lieu, puis mis le degré de l'Ecliptique, où est le Soleil en l'Horison, du costé d'Orient ; & le degré de l'Equateur, qui en même instant s'y trouvera, sera l'ascension oblique du Soleil. Ainsi à Paris, le Soleil estant au commencement du Taureau, son ascension oblique sera de 15. degrez, à cause du 15. degré de l'Equateur, qui se leve avec luy en cette obliquité de Sphere.

Corollaire.

AU contraire, le degré de l'Equateur qui descend, ou se couche en l'Horison oblique, est la descente oblique du degré de l'Ecliptique & du

Soleil , que l'on trouvera facilement, faisant l'operation du costé du Soleil couchant.

Propofition XX.

T Rouver les afcenfions & les defcentes des Signes.

L'afcenfion d'un Signe, comme nous avons dit cy-devant, eft le temps qu'il eft à monter fur l'Horifon, comme la defcente, le temps qu'il eft à defcendre au deſſous : & les Signes font dits monter droitement, quand ils font plus de deux heures à fe lever ; & au contraire monter obliquement, quand ils font moins de deux heures : Si donc on defire fçavoir l'afcenfion d'un Signe, foit mis le commencement du Signe à l'Horifon (la Sphere eftant à l'éleva-tion du lieu, & le ftile horaire fur 12. heures) & foit tournée la Sphere, jufqu'à ce que le Signe foit entierement levé, alors le ftile horaire montrera le temps qu'il eft à fe lever : que s'il eft plus de deux heures, il fe leve droi-tement, fi moins, obliquement.

On en fera de même du costé d'Oc-cident, pour connoître les defcentes des Signes, & qui font ceux qui descendent droitement, & ceux qui descendent obliquement.

Si on veut une plus grande precision, on obfervera les degrez de l'Equateur, qui fe levent & fe couchent avec eux.

Propofition XXI.

Trouver l'afcendant ou horofcope d'une nativité.

L'afcendant d'une nativité eft le Signe qui à l'heure de la naiffance, monte fur l'Horifon, qui autrement eft dit horofcope. Et pour le trouver, foit difpofée la Sphere à l'Elevation du lieu où s'eft fait la nativité : puis foit mis le degré où le Soleil eft, fous le Meridien, & le ftile horaire fur 12. heures, & foit tournée la Sphere, jufqu'à ce que le ftile horaire foit juftement à l'heure que s'eft faite la naiffance : & en l'Orient, apparoîtra le Signe afcendant ou horofcope.

Ainfi le 22. de Juin, à Paris, une nativité s'eftant faite à fept heures du matin, a pour afcendant le Signe du Lyon.

Propofition XXII.

MArquer *fur le Zodiaque de la Sphere, le lieu des Planetes.*

Qu'on cherche dans les Ephemerides le lieu des Planetes, & ayant trouvé en quel degré des Signes ils font, qu'on applique fur le Zodiaque de la Sphere des petits morceaux de cire aux mêmes endroits, lefquels reprefenteront le lieu des Planetes. Cecy fervira pour les deux propofitions fuivantes.

Propofition XXIII.

COnnoître *les Planetes de Saturne, Jupiter, Mars, Venus & Mercure.*

Par la precedente, foit premierement marqué fur le Zodiaque, le lieu des Planetes, que l'on defire connoître au Ciel, avec des petits morceaux de cire. Puis ayant difpofé la Sphere felon les parties du Monde, & élevé le Pol felon le lieu, foit mis le degré du Soleil fous le Meridien, & le ftile fur 11. heures. En aprés, foit tourné

Sphere , jufqu'à ce que le degré du
Soleil foit caché. Alors fi les petits
morceaux de cire , qui repréfentent les
Planetes , font fur l'Horifon ; il fera aifé
de les difcerner au Ciel, en regardant la
fituation qu'ils ont fur la Sphere , à
l'heure qu'il marquera le ftile horaire.
Que s'il y a encore de la difficulté, à
caufe des Etoilles fixes qui font auprés,
que l'on pourroit prendre au lieu des
Planetes , tournez encore la Sphere,
jufqu'à ce que ces petits morceaux de
cire fe rencontrent fous le Meridien ou
en l'Horifon : & regardez derechef
quelle heure le ftile marquera, car à
pareille heure les Planetes feront fous
les mêmes Cercles celeftes , & ainfi il
fera facile de les pouvoir difcerner d'a-
vec les Etoilles fixes, & les contempler
à fon aife, pour confiderer leur clarté,
leur grandeur, & ne les plus confondre avec les autres.

Propofition XXIV.

Trouver l'heure de la Marée.

La Mer va & vient tous les jours
deux fois , felon le mouvement que fait
la Lune en cette maniere. Quand la
Lune

Lune eſt en l'Horiſon, la Marée eſt au plus bas, mais quand elle commence à monter vers le Méridien, alors la Marée vient, & eſt pleine Marée quand elle y eſt arrivée : de là deſcendant vers le Couchant, la Mer decroiſt ; de ſorte que quand la Lune eſt en l'Occident, la Marée eſt au plus bas : mais auſſi toſt qu'elle quitte l'Horiſon du Couchant, & que par deſſous la Terre elle s'avance vers le Méridien, derechef la Marée croiſt, & eſt pleine Marée quand elle y eſt arrivée. Enfin, quittant le Méridien, les eaux decroiſſent toûjours juſqu'à ce qu'elle arrive à l'Horiſon. Ce qu'étant connu, il eſt aiſé de ſçavoir par la Sphere, à quelle heure la Mer va & vient en cette façon.

Soit la Sphere à l'élevation du lieu, le degré du Soleil ſous le Meridien, & le ſtile horaire ſur 12. heures, puis ſoit tournée la Sphere, juſqu'à ce que le lieu de la Lune, marqué par un petit morceau de cire, ſoit en Orient, ou Occident, & le ſtile horaire montrera à quelle heure la Marée eſt baſſe, & qu'elle commence à venir. Que ſi on tourne la Sphere, juſqu'à ce que le lieu de la Lune ſoit ſous le Meridien,

D d

tant sur terre, que sous terre, le stile horaire montrera l'heure que la Marée est toute pleine, & qu'elle commence à s'en aller.

F I N.

TABLE
Des definitions qui sont contenuës en ce Livre.

Dd ij

Extrait du Privilege du Roy.

PAR grace & Privilege du Roy, donné à Paris le 18. Avril 1664. Signé, Par le Roy en son Conseil, JUSTEL : Il est permis à OLIVIER DE VARENNE, Marchand Libraire à Paris, d'imprimer, vendre & debiter un Livre intitulé, *Traité de la Sphere du Monde, par Boulenger.* Et deffenses sont faites à tous Libraires & Imprimeurs, d'imprimer, faire imprimer, vendre ny debiter ledit Livre, pendant le temps & espace de sept années, à compter du jour que ledit Livre sera achevé d'imprimer pour la premiere fois, à peine de trois mille livres d'amende, confifcation des Exemplaires contrefaits, & de tous dépens, dommages & interefts, ainfi que plus au long eft porté aufdites Lettres de Privilege.

Regiftré fur le Livre de la Communauté, le 27. May 1664. fuivant l'Arreft de la Cour de Parlement. Signé, E. MARTIN, Syndic.

PERMISSION.

PErmis de reimprimer. FAIT ce 16. Mars 1688. DE LA REYNIE.

A PARIS,

De l'Imprimerie DE PIERRE LE MERCIER. 1688.

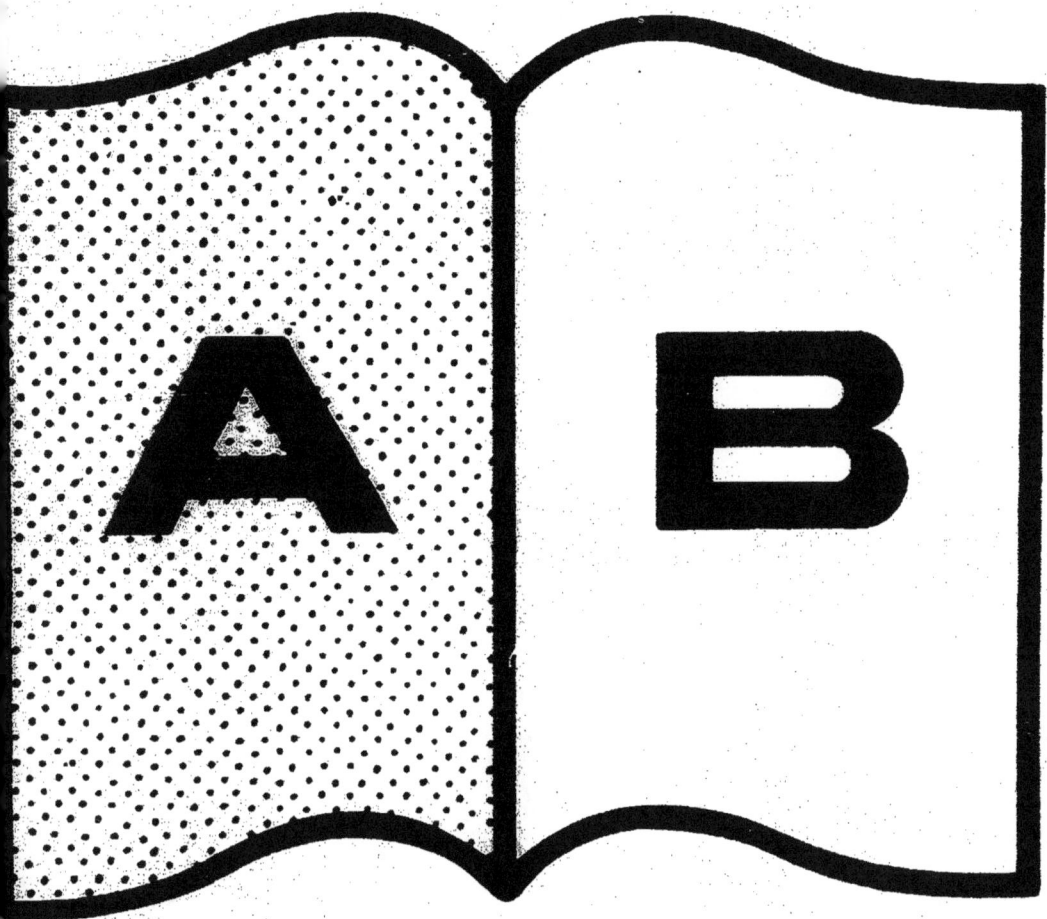

Contraste insuffisant

www.ingramcontent.com/pod-product-compliance
Lightning Source LLC
Chambersburg PA
CBHW060412200326
41518CB00009B/1328